高等院校设计专业教材

环境设计

U0792706

环境设计手绘效果图表现

HAND-DRAWN RENDERING EXPRESSION FOR ENVIRONMENTAL DESIGN

刘尧元　刘　飞　赵少俐　王忠礼　主编

青岛农业大学海都学院　组编

湖南大学出版社

HUNAN UNIVERSITY PRESS

·长沙·

内容简介

本书全面、系统地介绍了手绘效果图在环境设计中的应用与表现技巧，旨在帮助读者掌握手绘技能，提升设计表现能力。主要涵盖线稿表现和马克笔上色两部分内容，从概念、工具介绍、技法讲解、案例绘制等方面进行了系统的阐述。

本书内容丰富、案例实用，可作为高等院校环境设计专业应用型教材，亦可供相关爱好者参考。

图书在版编目（CIP）数据

环境设计手绘效果图表现 / 刘尧元等主编；青岛农业大学海都学院组编 .-- 长沙：湖南大学出版社，2025.1.--ISBN 978-7-5667-3893-6

Ⅰ. TU-856

中国国家版本馆 CIP 数据核字 2024FP6512 号

环境设计手绘效果图表现

HUANJING SHEJI SHOUHUI XIAOGUOTU BIAOXIAN

主　　编：刘尧元　刘　飞　赵少俐　王忠礼

组　　编：青岛农业大学海都学院

责任编辑：贾志萍

印　　装：湖南雅嘉彩色印刷有限公司

开　　本：787 mm×1092 mm　1/16　　印　　张：10.25　　字　　数：257千字

版　　次：2025年1月第1版　　印　　次：2025年1月第1次印刷

书　　号：ISBN 978-7-5667-3893-6

定　　价：55.00元

出 版 人：李文邦

出版发行：湖南大学出版社

社　　址：湖南・长沙・岳麓山　　邮　　编：410082

电　　话：0731-88822559（营销部）　88821174（编辑室）　88821006（出版部）

传　　真：0731-88822264（总编室）

网　　址：http：//press.hnu.edu.cn

电子邮箱：pressjzp@163.com

版权所有，盗版必究

图书凡有印装差错，请与营销部联系

Contents

目 录

1

环境设计手绘效果图表现概述

环境设计手绘效果图表现的概念与特点

环境设计手绘效果图表现的分类与作用

环境设计手绘效果图表现的专业基础

本章重点:

①理解环境设计手绘效果图的基本概念。

②掌握环境设计手绘效果图的色彩理论基础知识。

学习目标:

①掌握环境设计手绘效果图表现的特点、分类等基本知识。

②提升对环境设计专业的认同感,增强职业竞争力。

1.1　环境设计手绘效果图表现的概念与特点

1.1.1　环境设计手绘效果图表现的概念

环境设计手绘效果图表现是通过徒手绘制或者借用其他工具在纸上呈现图像的一种表现形式。它是一种图示语言，能够承载环境设计的相关信息，实现设计师与设计师的交流以及设计师与客户的交流。环境设计手绘效果图能够快速、形象、真实地表现空间的环境和构成，既可以表达设计师的设计理念，又具有一定的艺术表现力。

随着科技水平的不断提高，计算机技术突飞猛进，设计工具尤其是设计软件呈现多样化发展趋势。比如人工智能的发展，将会大大简化设计程序，使设计软件更易于操作和功能多样化。但在实际设计过程中，手绘效果图仍然具有设计软件无法比拟的优势。它能够帮助设计师更好地理解空间、色彩、明暗等的基础性技法，快速记录设计师瞬时的灵感，还具有与客户沟通直观、互动及时的特点。

1.1.2　环境设计手绘效果图表现的特点

环境设计手绘效果图表现与美术绘画当中的钢笔画有着本质的区别，它们的服务对象不同。环境设计手绘效果图表现是设计师用来记录和表达与环境设计相关内容的方法，它的目的不是绘画本身。这些内容一定程度上包含了一部分艺术性的表达，但最重要的还是为环境设计提供具有使用价值的信息。比如绘制一个景观场景，设计师首先分析的是景观构造或者景观设计的方法，解析地面铺装石材的选择、景观植物的造景手法、景观构造物的穿插结构等内容。而美术绘画当中的钢笔画一般不会考虑设计的使用功能，不管绘制的是建筑、景观还是室内场景，更多关注的是能不能够将一幅作品绘制得好看。

1.2 环境设计手绘效果图表现的分类与作用

1.2.1 环境设计手绘效果图表现的分类

环境设计专业手绘效果图表现主要分为两类：其一，硬笔线描表现，主要通过墨线笔进行绘制，不进行颜色的添加，是一种快速表达设计的方法；其二，马克笔效果图表现，主要通过马克笔工具进行填色，能够直观地表现设计的色彩、材质、纹理。

（1）硬笔线描表现

硬笔线描表现是通过钢笔、中性笔等进行表现的一种绘画方式。硬笔线描表现是一种独特的表现形式，艺术家可以通过线描的方式进行艺术表现，而设计师可以通过线描的方式进行设计概念的表达。

硬笔线描表现一般分为徒手线描表现和尺规线描表现两种。

徒手线描在表现形式上更加接近速写，可以对描绘的对象进行真实的表现或者概括化、抽象化的处理，它在语言表达上更加生动。从设计师的角度来说，徒手线描在设计方案过程中应用频繁，这种表现方式能用来快速地进行设计方案的概念化表达，也能用来对设计灵感进行快速记录。

如图 1-1 所示，设计师使用徒手线描快速地对建筑轮廓进行概括处理，在绘制中不需要体现建筑的细节，仅运用线条和明暗关系体现建筑的外轮

图 1-1 建筑徒手线描表现

廓。使用徒手线描，可以对看到的建筑、景观、室内场景进行记录，也可以对即时性的灵感进行表达。

尺规线描是借助尺规进行线描表现的一种表达形式。尺规线描是科学与艺术的结合，它在细节的表达上更加精准，能够给人直观的视觉表现。尺规线描相比于徒手线描灵动性较差，在线条的表现上缺少生命力和情绪，但是在结构的细节体现上具有无可比拟的优势。徒手线描和尺规线描各自具有优缺点，设计师应根据不同的表达目的去选择合适的表现方式。

如图 1-2 所示，采用尺规作图，整张线稿在比例、尺度、线条的表达上更加准确，画面更加严谨和规整，明暗关系的表现也更加准确。

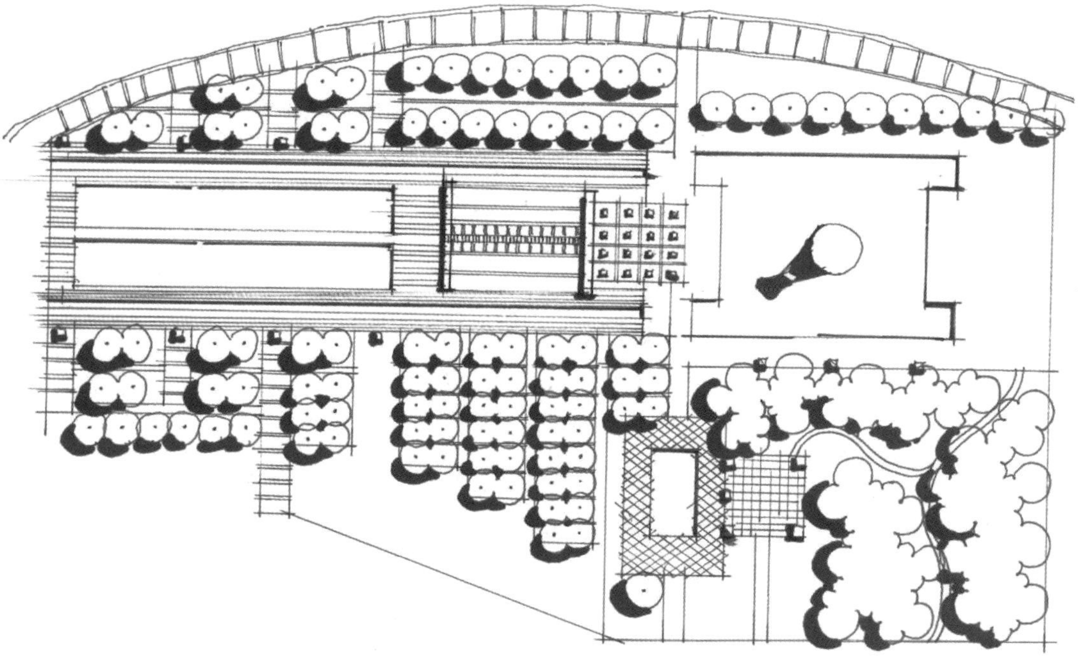

图 1-2　景观线稿

（2）马克笔效果图表现

彩色效果图可以使用水粉、水彩、马克笔等进行表现，其中马克笔的表现应用最为广泛。它是一种展示性的表现工具，能够直观地展示设计方案的材质、色彩、空间等内容。彩色效果图是方案定稿之后的表现形式，在绘制过程当中要充分表现画面的虚实关系、光的质感、色彩的质感等内容。

如图 1-3 所示，画面采用了马克笔来表现。设计师通过改变色彩的冷暖关系、叠加关系等对画面中的材质进行细致的表达，不管是对地面的材质还是树木等都进行了刻画，注重画面的空间营造。

图 1-3　马克笔建筑效果图表现

1.2.2　环境设计手绘效果图表现的作用

（1）设计概念呈现

环境设计手绘效果图表现能够对前期的设计概念进行表达。在设计前期阶段，设计师在了解项目需求的基础上，通过手绘方式快速形成设计构思，完善设计功能和形式，表达自己的意图并对设计概念进行呈现（图 1-4）。

（2）设计沟通

环境设计手绘效果图表现是设计师与客户进行沟通的良好载体，能够帮助客户更直观地理解设计语言（图 1-5）。

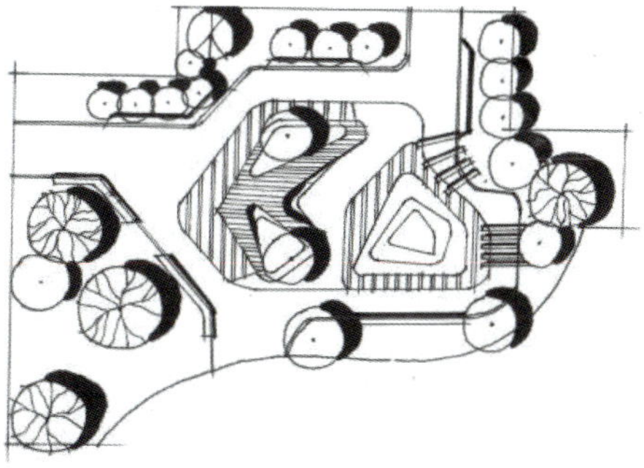

图 1-4　景观概念表现

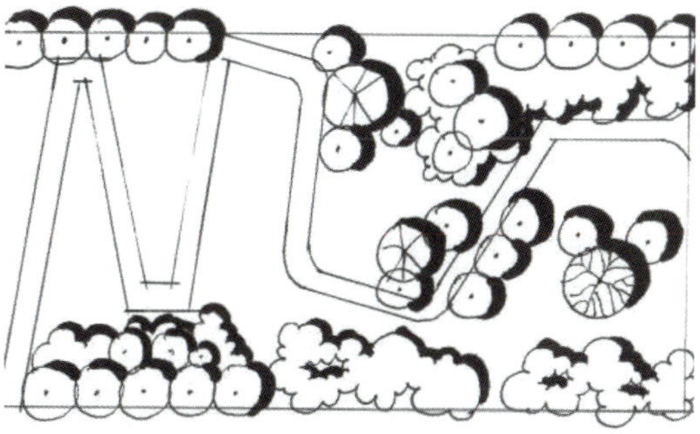

图 1-5　景观平面图表现 1

（3）学习与记录

环境设计手绘效果图表现能够实现学习与记录的功能。设计是一个不断积累的过程，人们可利用手绘方式对看到的、接触到的设计方案进行学习并记录，不断加深对设计信息的认知，也可以实现对现场环境的感知、尺度的把控、材料的运用和结构的认识（图 1–6）。

（4）艺术性表达

设计是一个不断解决问题的过程，它是客观的、真实的，不论设计的对象是建筑、景观还是室内场景，环境设计手绘效果图表现都遵从这一原则。但环境设计手绘效果图表现也具有艺术性的一面，它通过线条、色彩等进行艺术性的表达。设计师采用手绘方式对画面进行处理，从构图布置、材质表达、明暗关系处理、色彩搭配、物体塑造等方面具体表现艺术性的内容。所以，环境设计手绘效果图表现既能够满足对客观真实方案的表现需求，也能够满足对其艺术性的表达需求（图 1–7）。

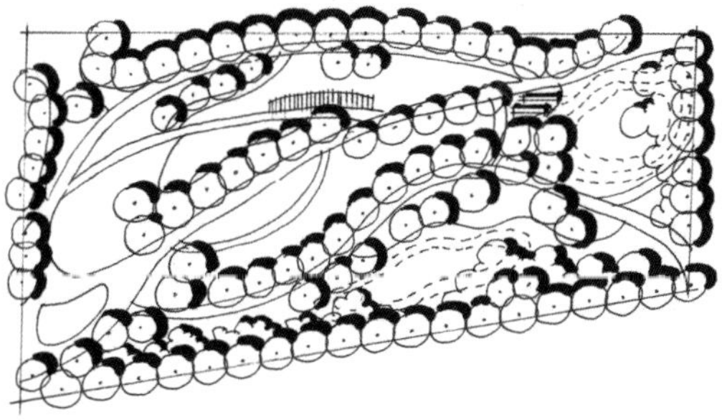

图 1–6　景观平面图表现 2

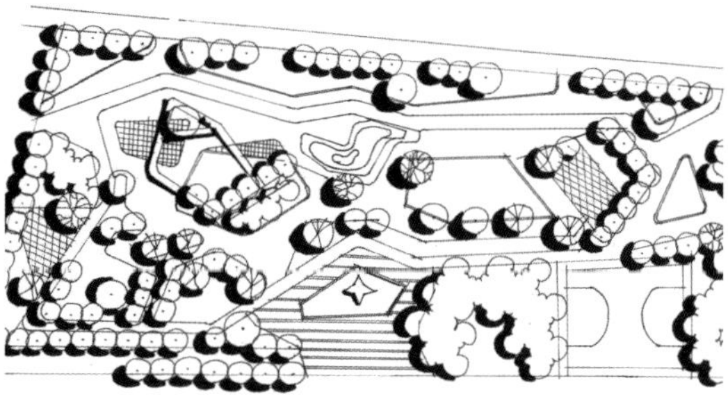

图 1–7　景观平面图表现 3

1.3　环境设计手绘效果图表现的专业基础

设计手绘表现是为设计内容服务的，能帮助设计师高效完成设计工作，但不论什么样的设计创作，手绘表现的基础依旧采用了美术当中的绘画基础。素描和色彩基础是西方绘画的基础，同时也是环境设计手绘效果图表现的基础，在绘画中只有掌握了素描和色彩基础，才能够更加快速准确地进行创作。手绘表现能够充分体现出设计师的综合设计水平，但是这依赖于设计师本身的绘画功底。进行手绘表现的练习时，学习者先要进行绘画基础训练，只有具有高超的素描和色彩基础技能，才能准确把控手绘表现的构图、透视、色彩等。

1.3.1　素描基础

（1）构图

构图在绘画中起着关键性作用，它是指按照视觉的规律，在画面上将绘画对象按照美学原理进行安排和构成（图 1–8、图 1–9）。法国画家米勒（Jean-Francois Millet）认为构图就是把画面的思想传递给他人的技巧，构图与构图之间的关系，就是内容和形式之间的关系。法国画家修拉（Georges Seurat）在素描作品和油画作品中理性地处理画面关系，采用很多不完整性构图，使画面更具有延伸感和层次感。

素描构图是指造型要素间整体组织与排列的方式，通过不同组织形式达到特定的形式感，比如对称式构图、均衡式构图等。

图 1-8　米勒作品

图 1-9　格勒兹（Jean-Baptiste Greuze）作品

（2）光影关系

素描的光影关系是指光照射的角度与物体产生的阴影关系。太阳光照射到物体上产生的投影，会形成由深至浅的层次关系。素描绘画中光影的规律形成三大面和五大调子。三大面指的是亮面、灰面、暗面；五大调子指的是高光、中间调、明暗交界线、反光、投影。

素描画面依靠光影关系产生空间层次和虚实效果（图 1-10、图 1-11）。从素描的实践结果来看，光影关系是绘画体系的基础，也是环境设计手绘效果图表现必须掌握的基础技能。

图 1-10　丹尼斯·切尔诺夫（Denis Chernov）作品 1

图 1-11　丹尼斯·切尔诺夫作品 2

（3）其他素描基础

环境设计手绘效果图表现还应具备的其他素描基础，包括线条、透视、几何体训练等内容。线条是素描绘画的基础，大量的线条练习能够帮助学习者对物体进行更好的塑造。透视是进行准确绘画表现的基本技能，西方素描的透视原理主要包括一点透视、两点透视和三点透视，运用透视能够使画面更具立体感，增加画面的空间感和纵深感。几何体训练能够帮助学习者更好地去理解透视以及形体的穿插，简化对物体结构的理解。

1.3.2　色彩基础

色彩是一种绘画艺术表现语言。英国物理学家牛顿（Isaac Newton）通过科学实验，揭示了色彩来源于光的奥秘，奠定了色彩的理论基础。马克笔表现遵从色彩的理论概念，具有色彩的基本性质，例如色相、明度、纯度等。环境设计手绘效果图在色彩的表现上以马克笔为主，彩色铅笔可作为辅助。

（1）马克笔的基本特性

①墨水特性：马克笔所采用的墨水核心构成元素为染料与溶剂的混合体。其中，染料作为色彩源泉，赋予墨水丰富的颜色表现；溶剂则作为流动媒介，促进墨水顺畅流动并有效渗透至纸张、画布等多种表面，确保图案与文字的清晰呈现。

②笔头设计：马克笔的笔头一般是双头设计。一头为细头，主要用于细节位置的绘制；另外一头为扁头，主要用于大面积颜色的填涂。

③墨水分类：墨水主要分为水性、油性、酒精性三类。水性马克笔墨水纯净无油，色彩表现温婉柔和，给人温馨舒适的视觉体验；油性马克笔因墨水内含油性染料成分而在色彩上更为鲜亮夺目；而酒精性马克笔适合快速表达设计构思，颜色艳丽且干燥速度快。

（2）马克笔的色彩理论

①色彩的基本分类。

三原色作为色彩理论的基石，指的是在色彩混合中无法进一步分解的三种基础色调。三原色在色彩学和光学领域均有着广泛的应用，并细分为色彩三原色（图 1-12）与光学三原色两个层面。

图 1-12　色彩三原色

从颜料调配的角度来看，三原色特指红、黄、蓝这三种颜色，即色彩三原色，也称颜料三原色。它们不仅是构成众多色彩的基本元素，更是通过相互混合能够创造出色谱上几乎所有颜料颜色的神奇钥匙。值得注意的是，当这三种颜料原色以等比例混合时，理论上应产生黑色，这体现了它们在色彩构建中的全面性与互补性。此外，黑、白、灰等色调因其不具备明确的色彩偏向，被归类为无色系，它们在色彩设计中同样扮演着不可或缺的角色。

间色源自两种基本原色（也称“一次色”）的和谐交融。这一过程不仅丰富了色彩的多样性，还展现了色彩混合的无限可能。具体而言，当红色与黄色这两种充满活力的原色相遇并融合时，它们共同孕育出了温暖而明亮的橙色；同样地，黄色与蓝色的巧妙结合，则创造出了清新自然的绿色；红色与蓝色的相融，则产生了神秘而浪漫的紫色。这三种由原色直接混合而成的色彩，即称为间色，也称“二次色”（图 1-13）。

复色是对色彩世界的深层次探索。它并非直接源自单一的基本原色，而是原色与间色之间，或是间色相互间，经过精心调配与融合后诞生的“三次色”。这一复杂而微妙的色彩生成过程，赋予了复色无比丰富的层次与深度。

②色彩的性质。

色彩具有色相、明度和纯度三种性质。

色相，作为色彩的核心性质之一，指色彩的独特面貌与名称，如大红、朱红、橙黄、柠檬黄、草绿等，这些色彩的名称往往来源于自然界的物种。色相之所以呈现出如此多样的面貌，其根本原因在于光波波长的差异。每一种色相都对应着特定波长的光波，正是这些不同波长的光波交织在一起，构成了我们眼前这个五彩斑斓的世界。色相环将色彩之间的关系以图形显示出来，对色彩设计的对比、调和及多种设色组合运用具有重要意义（图 1-14）。

色彩的明度这一视觉属性，深刻地反映了光线在色彩表面反射或透射时的强度差异。它并非简单地指代颜色的深浅或明暗，而是光波振动幅度的直观体现。当光波振动幅度宽广时，色彩显得明亮而耀眼，这便是高明度的表现；反之，振动幅度狭窄时，色彩则显得暗沉而深邃，呈现出低明度的特征（图 1-15）。

色彩纯度又称为彩度，是衡量色彩鲜艳与混

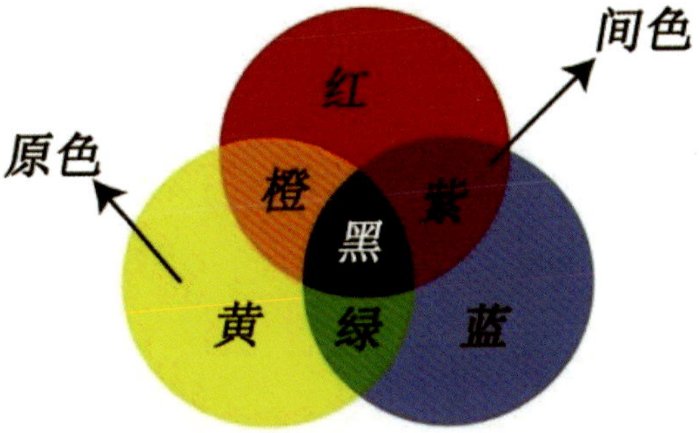

图 1-13　间色

图 1-14　24 色相环

图 1-15　明度

浊程度的重要指标。简单来说，它反映了色彩中纯色成分的浓度，或者说是色彩接近其原始色相的程度。除了纯度，这一属性还常被冠以饱和度、鲜艳度、含灰度等别名，它们共同指向色彩纯度的不同侧面（图 1-16）。

将纯色与其他色彩混合时，这一混合过程实际上是在降低原色的纯度。随着加入色彩的增多，原色的纯度会逐渐降低，色彩变得不再那么鲜明，而是趋向于一种更加温和或混浊的状态。

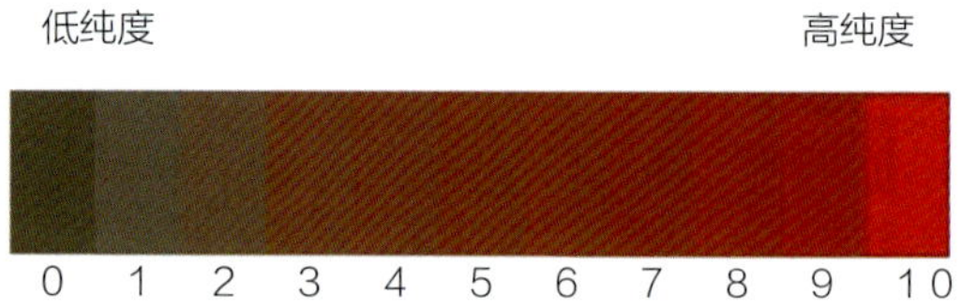

图 1-16　纯度

课后思考与练习

①谈谈手绘表现在环境设计专业中的作用。

②通过鉴赏优秀手绘作品，理解作品的色彩表现形式。

2

手绘表现基础

工具和材料介绍

线条

透视

本章重点：

①熟练掌握不同线条的画法。

②准确掌握一点透视、两点透视、三点透视的透视原理。

③正确绘制不同透视状态下的方体。

学习目标：

①掌握手绘表现的基础技法以及对图形的准确绘制。

②培养动手能力。

2.1　工具和材料介绍

2.1.1　笔类工具

（1）铅笔

铅笔是常用的绘画工具，常用型号有 HB、2B、3B、4B、5B、6B 等（图 2-1）。手绘表现中常用的铅笔型号是 HB 和 2B，也可以使用自动铅笔。使用铅笔主要是为了起稿，起稿过程中不要用力过大，用力过大不利于用橡皮擦除草稿，纸面上会产生痕迹。

（2）钢笔

钢笔绘画刚劲有力，运笔流畅，有虚实变化（图 2-2）。钢笔绘画是以线的形式进行表现，可以通过钢笔的粗头和细头体现明暗关系和虚实变化，也可以通过排线的方式体现画面的明暗关系。钢笔绘画的线条不能擦除，因此在绘制中要保证线条绘制的准确性，不重复描绘。钢笔绘画利用线条、明暗、节奏等方式对画面进行处理，能够增强画面的艺术表现力和感染力。

（3）中性笔

中性笔包含的种类繁多，在表现技法中常用的中性笔包括针管笔、勾线笔、子弹头型中性笔等（图 2-3）。针管笔是表现技法的常用工具，它出墨均匀，绘制线条流畅，在徒手线描和尺规线描中都具有广泛的应用。针管笔的常用型号为 0.1 ~ 0.8，绘图中根据线条的粗细选用合适的笔头。勾线笔一般用于徒手草图的绘制，不适用于马克笔上色。子弹头型中性笔有时会出现出墨不均的情况，在手绘时应选择出墨均匀的中性笔。

图 2-1　铅笔

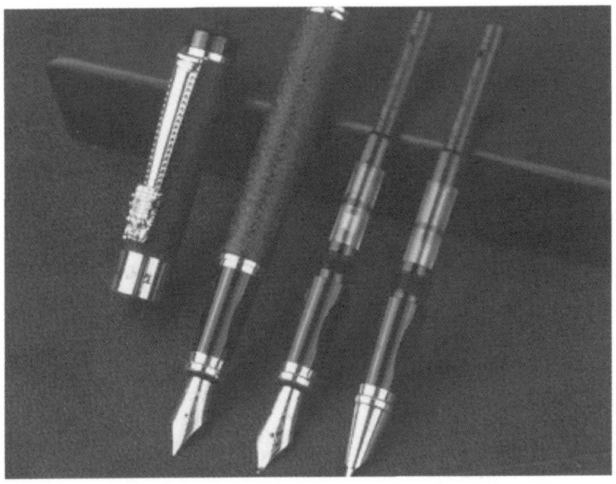

图 2-2　钢笔

（4）彩色铅笔

彩色铅笔是用彩色颜料制作的一种特殊的铅笔（图 2-4）。彩色铅笔分为水性彩铅和油性彩铅两种。水性彩铅在色彩叠加上过渡更加自然，蘸水之后颜色会晕染开，呈现水彩的效果；油性彩铅在色彩叠加上没有水性彩铅自然，但色彩的呈现在层次上更加明显。市面上彩铅的品牌多种多样，可选择颗粒感比较明显的彩铅。在手绘效果图表现中，彩铅可以作为单独的媒介使用，也可以与其他工具混合使用，以增强画面材质的效果。

（5）马克笔

马克笔又名麦克笔或者记号笔，它是手绘表现常用的彩色工具之一（图 2-5）。马克笔在 20 世纪中期被应用在绘画中，能够快速呈现较好的画面效果。前文已述，马克笔主要分为油性、水性和酒精性马克笔，不同性质的马克笔呈现的效果略显不同。因为速干的特点，现在多使用油和酒精混合的马克笔。

图 2-3　中性笔

图 2-4　彩色铅笔

图 2-5　马克笔

2.1.2 纸类材料

纸的种类繁多，常用于绘画的纸主要包括宣纸、复印纸、素描纸、水彩纸等，在手绘表现技法中常用的纸类是复印纸。复印纸按纸张的尺寸规格划分，有 A0、A1、A2、A3、A4 等，在练习手绘透视图时常用 A3 和 A4 型号，A0 和 A1 主要用于快题设计。克数是纸张的一种规格，常见的规格为 70 g、80 g、100 g。在手绘表现中主要采用 80 g 的纸张，而 70 g 的纸张偏薄，使用马克笔上色时会出现晕染的情况（图 2-6、图 2-7）。

2.1.3 尺规类工具

尺规类工具在表现技法中主要用于画线，使用其能够准确地表达线条和形体关系。常用的尺规类工具主要包括三角板、直尺、平行尺（图 2-8 ~ 图 2-10）。尺规工具的使用可以提高绘图的准确性，更容易表现画面的透视、结构穿插等。

图 2-6 70 g 复印纸

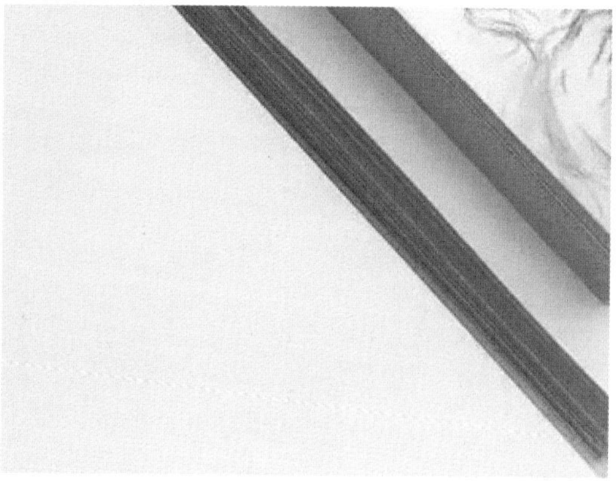

图 2-7 80 g 复印纸

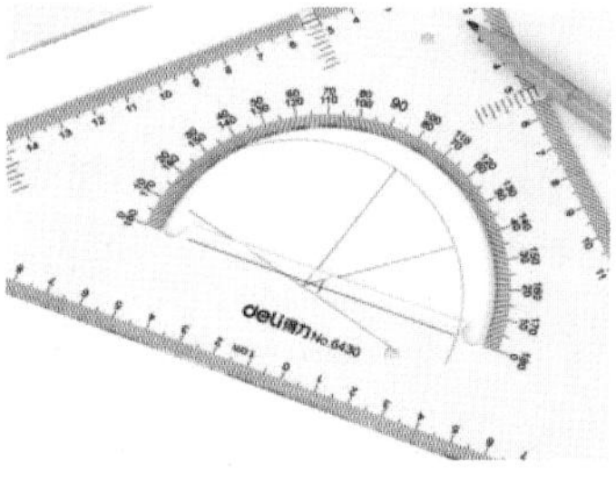

图 2-8 三角板

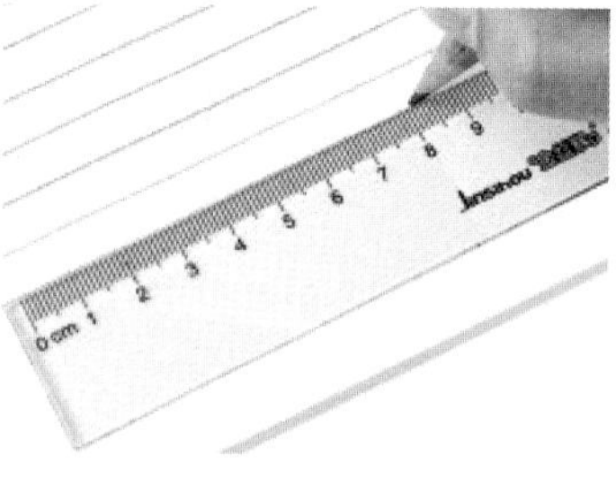

图 2-9 直尺

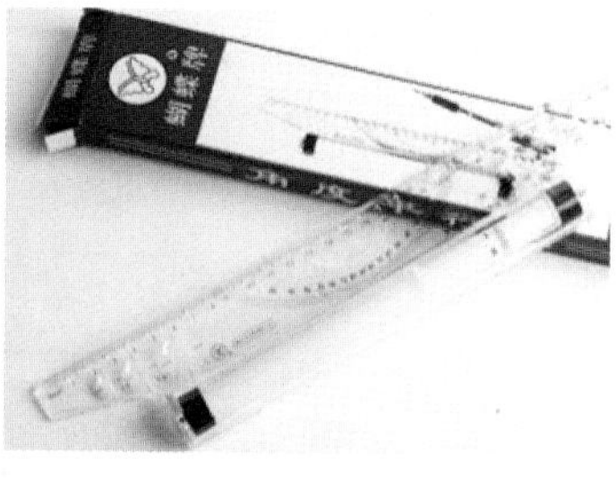

图 2-10 平行尺

2.1.4 正确的握笔姿势

手绘表现技法的握笔姿势在绘图方面没有严格的要求，但是通过对绘图方法、规律的总结，可以产生一定的绘图方法论，这些方法论能够降低手绘训练的难度，让练习者快速掌握手绘技法。

如图 2-11、图 2-12 所示，在握笔时，笔位于拇指、食指和中指之间，握笔的位置要适当靠上一点，因为每个练习者的绘画和书写习惯不同，所以要找到适合自己的握笔位置。进行画直线练习时，笔与纸的夹角在 60° 左右。

图 2-11　握笔 1

图 2-12　握笔 2

2.2　线条

在手绘表现技法中，线条练习主要分为慢线、快线、抖线和弧线的练习。

2.2.1　慢线

慢线（图 2-13 ~ 图 2-16）的种类：水平慢线、竖直慢线。

慢线的特点：易控制，简单，线条灵活、稳定。

慢线的练习步骤：起笔、运笔、收笔（图 2-17）。

起笔：起笔是手绘表现技法独有的一种表现形式。起笔的作用是让运笔的过程更加顺畅，也让线条更加有力度感。

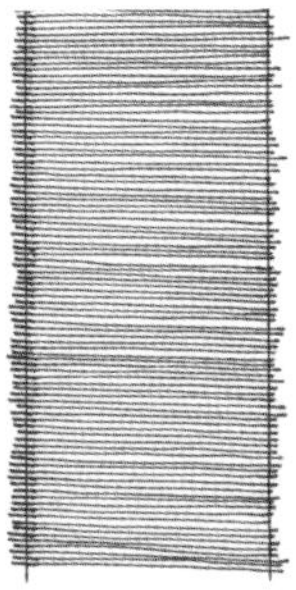

图 2-13　慢线线条 1

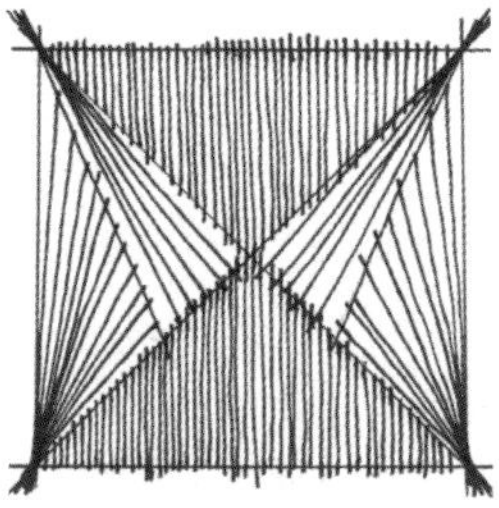

图 2-14　慢线线条 2

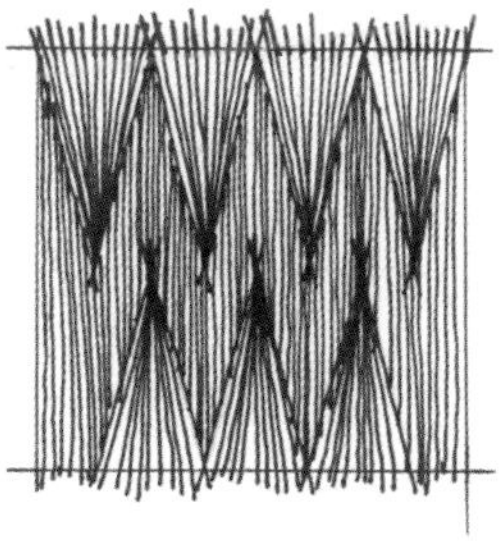

图 2-15　慢线线条 3

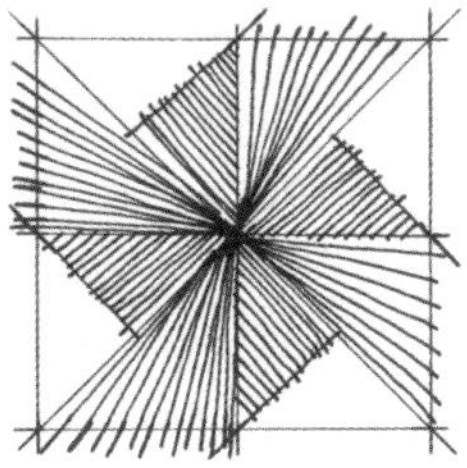

图 2-16　慢线线条 4

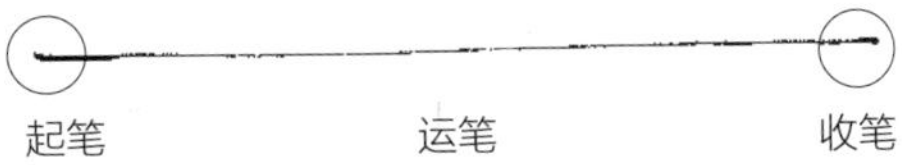

图 2-17　慢线的练习步骤

运笔：运笔是线条绘制的重要组成部分，运笔时注意不要过度晃动手腕，而要依靠胳膊的移动进行绘制。虽然绘制慢线时允许出现轻微的线条抖动，但是手腕的过度晃动会让线条的曲度过大。

收笔：收笔是线条绘制完毕的一种表现技法，线条绘制完毕之后笔头停住。

2.2.2 快线

快线（图 2-18 ~ 图 2-22）的种类：水平快线、竖直快线。

快线的特点：快速、简洁，表现力强。

快线的练习步骤：起笔、运笔、收笔。

起笔：快线的起笔方式与慢线的起笔方式一致，需要有回笔的过程。

运笔：快线运笔时手腕保持不动，依靠胳膊的移动进行绘制，运笔的速度要快。

收笔：运笔结束后，将笔头停住，不要出现扫笔的情况。

2.2.3 抖线

抖线（图 2-23 ~ 图 2-28）的种类：水平抖线、竖直抖线。

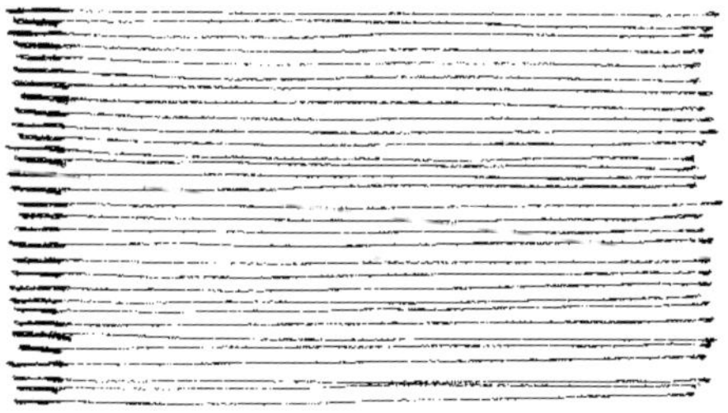

图 2-18 快线线条 1

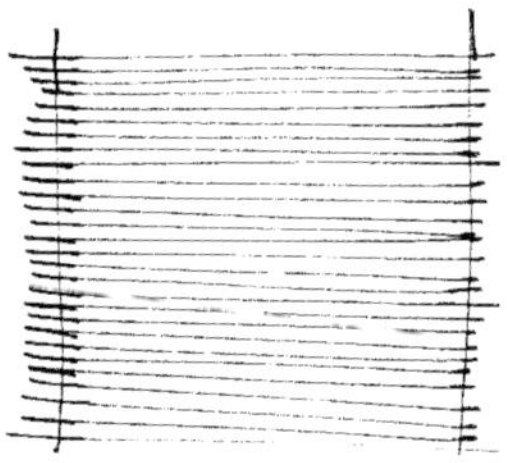

图 2-19 快线线条 2

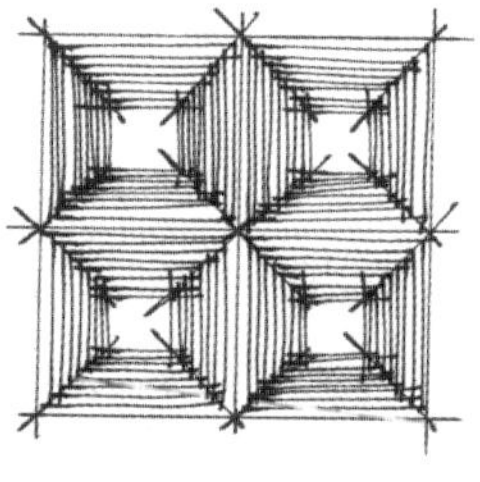

图 2-20 快线线条 3

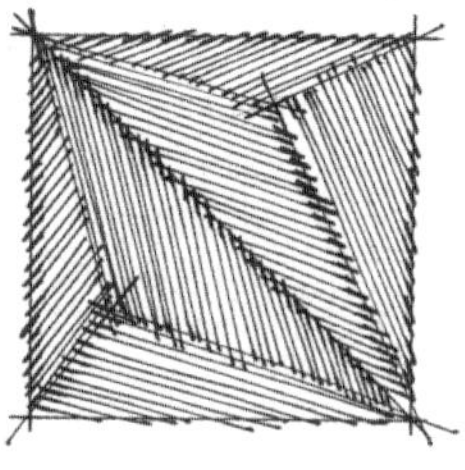

图 2-21 快线线条 4

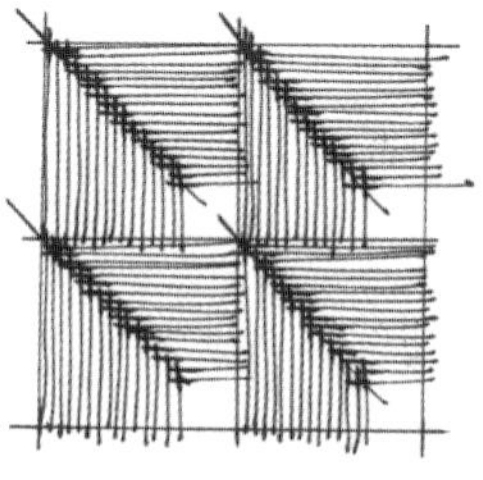

图 2-22 快线线条 5

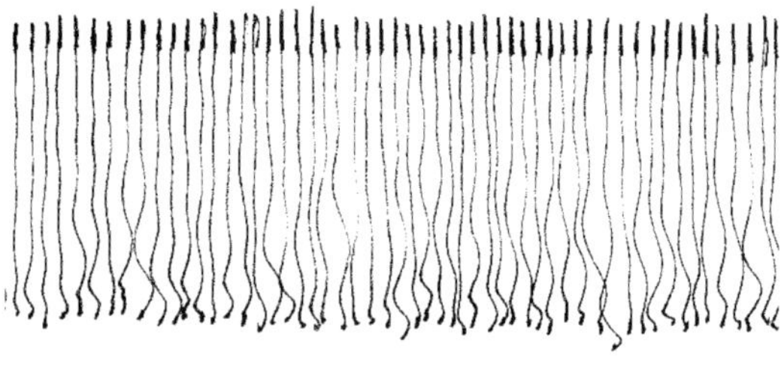

图 2-23 抖线线条 1

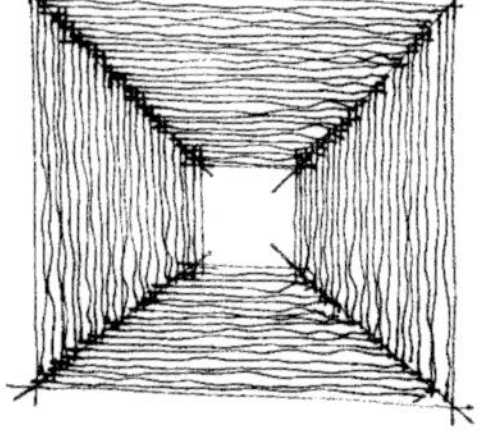

图 2-24 抖线线条 2

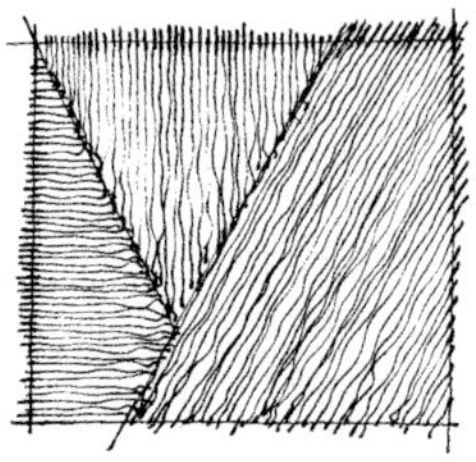

图 2-25 抖线线条 3

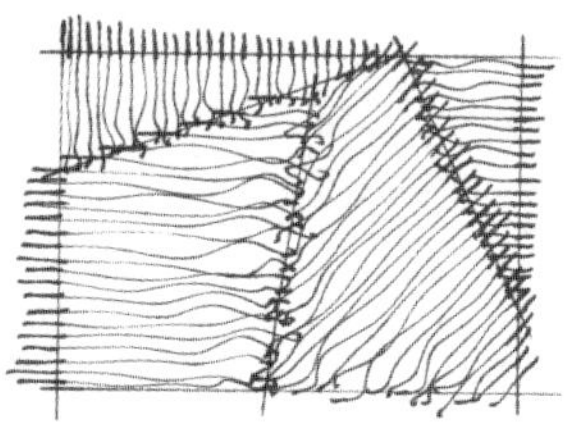

图 2-26 抖线线条 4

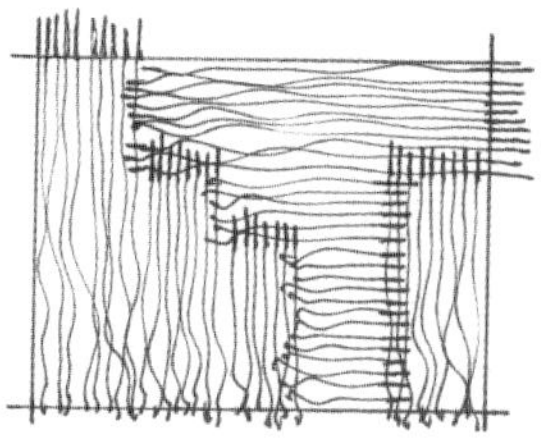

图 2-27 抖线线条 5

抖线的特点：流畅自然，轻盈灵动。

抖线的练习步骤：起笔、运笔抖动、收笔。

起笔：抖线的起笔需要进行回笔。

运笔抖动：运笔过程中手腕和胳膊需要产生轻微的振动，以让线条产生轻微的抖动。

收笔：抖线收笔时要将笔头顿住。

抖线的绘制要遵循大曲而直的特点，虽然线条在垂直方向产生抖动，但是线条从起点至结束点依旧大致是一条直线。

2.2.4 弧线

弧线（图 2-29 ~ 图 2-37）的种类：圆形弧线、椭圆形弧线、不规则弧线等。

弧线的特点：流畅，变化，柔和。

弧线的练习步骤：起笔、运笔画弧、收笔。

起笔：弧线的起笔可以不用进行回笔，将笔头顿住即可。

运笔画弧：运笔要匀速，保持线条弧度的稳定性，速度越快线条的稳定性越差。

收笔：弧线收笔时要顿住笔头。

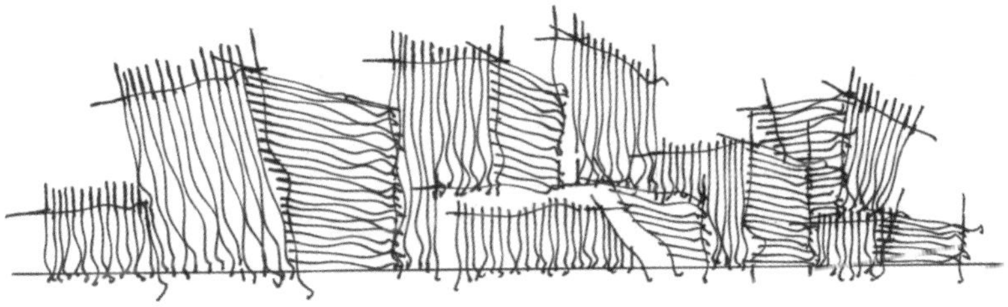

图 2-28 抖线线条 6

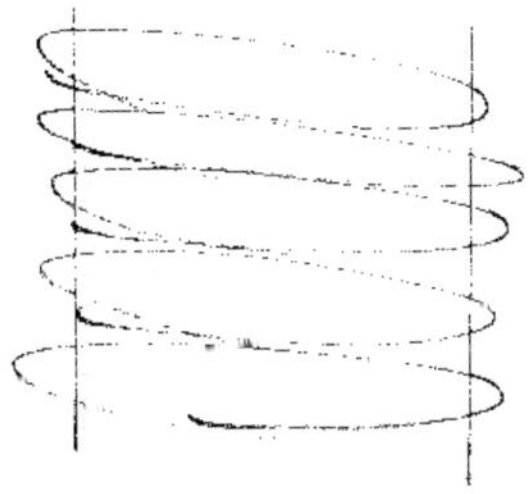

图 2-29 弧线 1

图 2-30 弧线 2

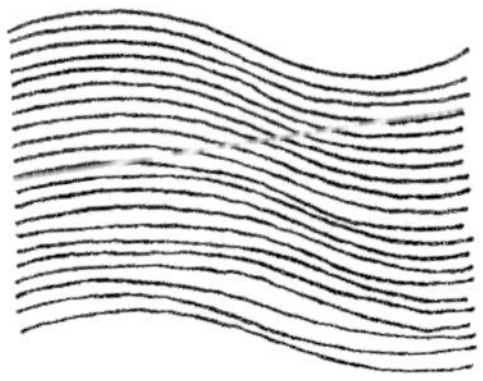

图 2-31 弧线 3

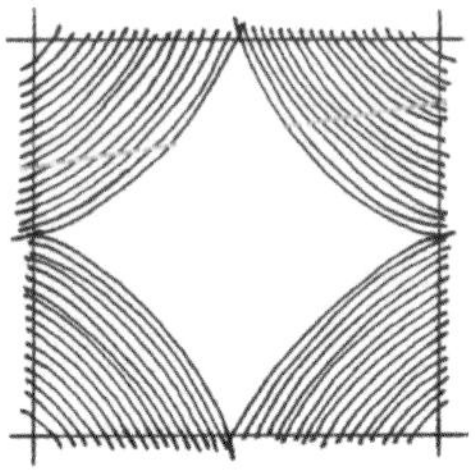

图 2-32 弧线 4

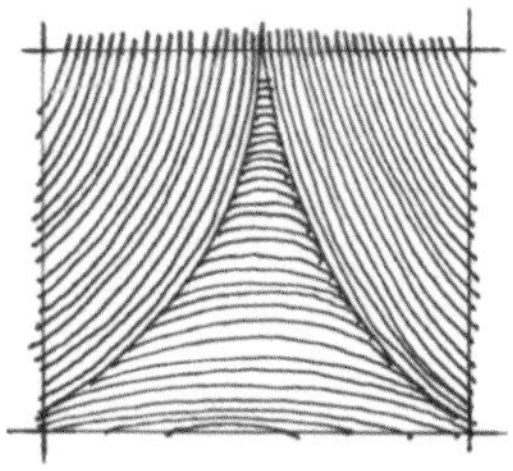

图 2-33 弧线 5

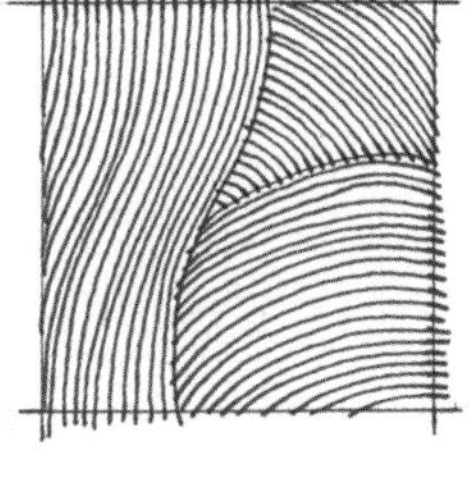

图 2-34 弧线 6

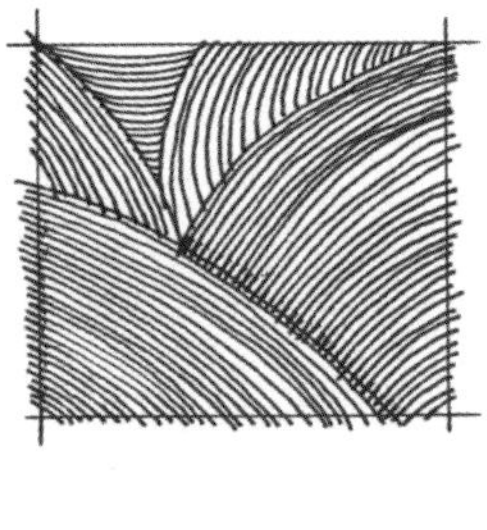

图 2-35 弧线 7

图 2-36 弧线 8

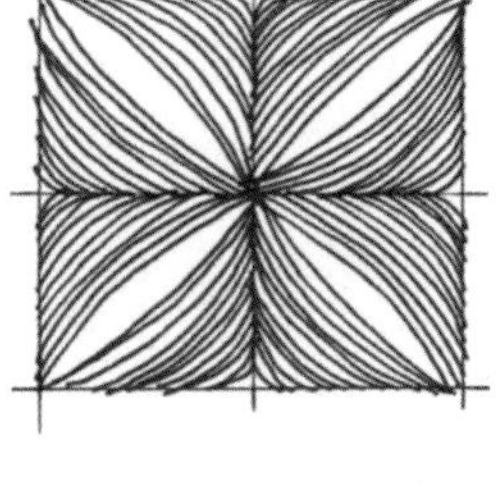

图 2-37 弧线 9

2.3 透视

透视是在绘画和设计中用于表现空间体积感的一种技法。它在平面上描绘出物体的形状、大小、位置和方向等信息，使观察者能够感受到物体在三维空间的存在。在透视中，画家或设计师使用一系列的规则和方法来确定物体在画面中的位置和大小，这些规则包括地平线、视平线、消失点（即灭点）、视点和比例等（图 2-38）。透视可以分为一点透视、两点透视和三点透视等不同类型，每种透视都有其应用的场景。

透视的基本规律：近大远小，近高远低，近宽远窄，近实远虚。这些规律是指在描绘物体时，根据物体与观察者的距离和角度，对物体的大小、高度、宽度和清晰度等进行调整，以创造出三维空间的效果。

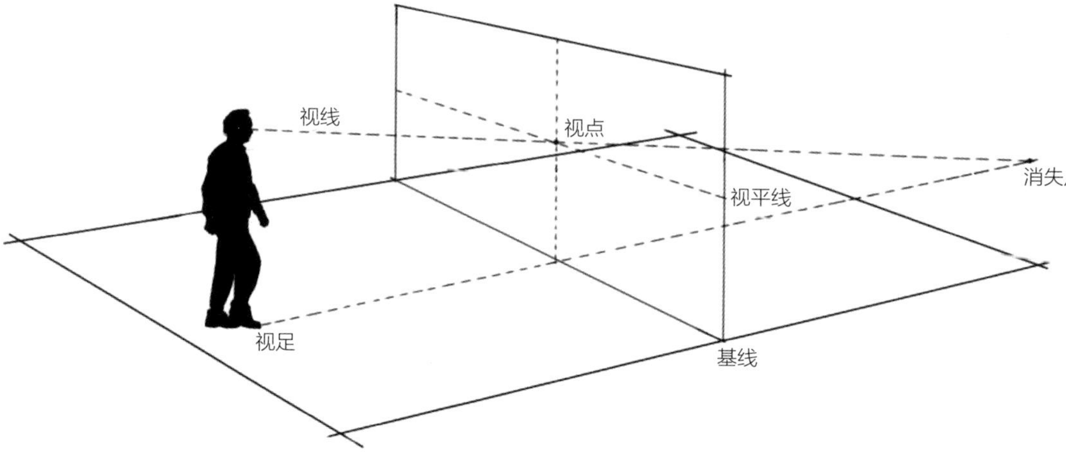

图 2-38 透视演示

2.3.1 一点透视

一点透视技巧在绘画与设计领域扮演着至关重要的角色，它巧妙地通过单一消失点来营造空间深度和立体感。作为透视的一种类型，一点透视通过精心布置画面的消失点，使物体的位置与大小得以精准呈现，进而营造出逼真的空间氛围。

一点透视在表现技法中分为一点正透视和一点斜透视。一点透视也称为平行透视，是最常用的透视方法。M 代表地平线，VP 代表消失点，HL 代表视平线（图 2-39~ 图 2-44）。

一点透视的特点如下。

①水平方向的线不产生透视。

②垂直方向的线不产生透视。

③一个消失点。

④一组透视线：除了水平和垂直方向的线，其他线全部消失于一点。

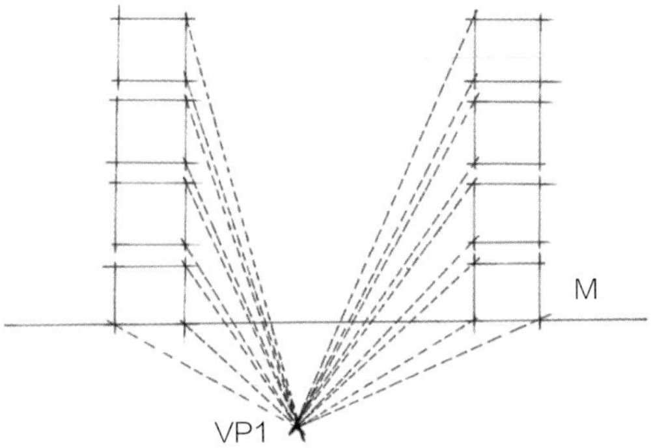

图 2-39　一点透视连线

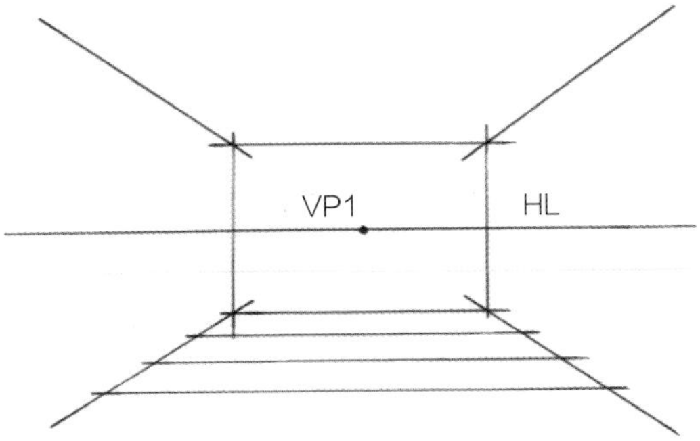

图 2-40　一点透视横线连线

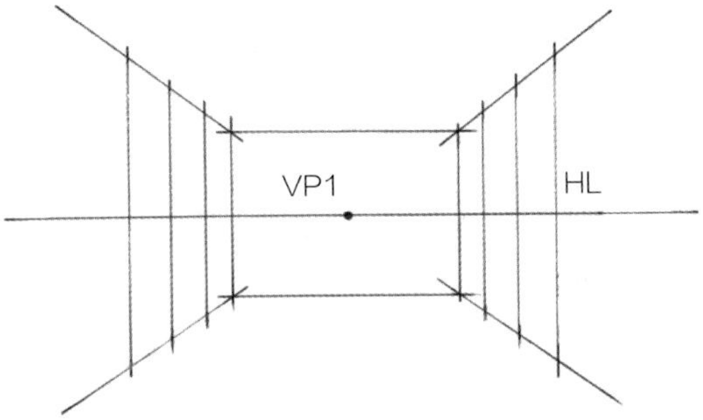

图 2-41　一点透视竖线连线

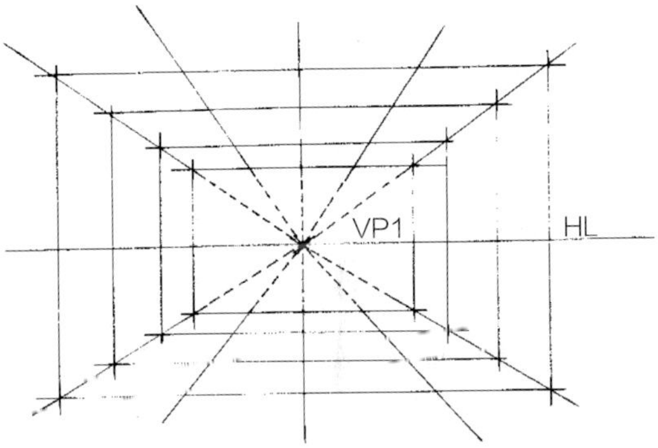

图 2-42　一点透视多线连线

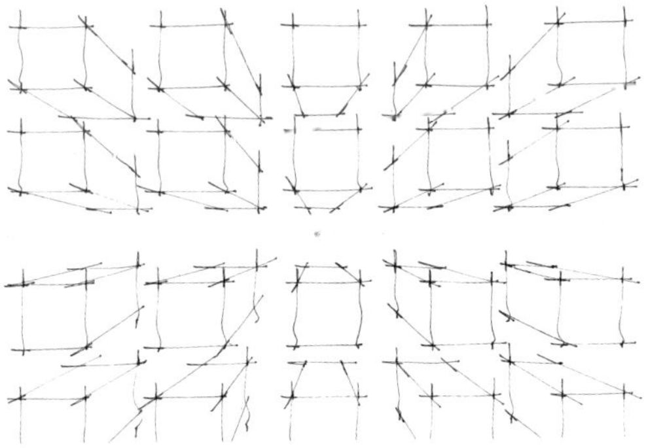

图 2-43　方体一点透视 1

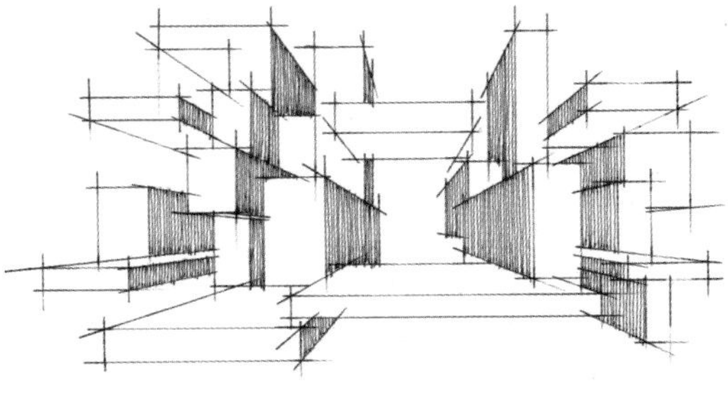

图 2-44　方体一点透视 2

2.3.2　两点透视

两点透视，即我们常说的成角透视，它作为一种独特的视觉表达技巧，旨在在二维平面上展现三维空间的立体效果。两点透视有两个消失点，它们常常位于画面的地平线上。

两点透视的特点如下。

①垂直方向的线不产生透视。

②其他的线根据透视点产生透视。

③两个消失点。

如图 2-45 所示，消失点分别为 VP1 和 VP2，依据两点透视的原则，透视线分别连接 VP1 和 VP2。

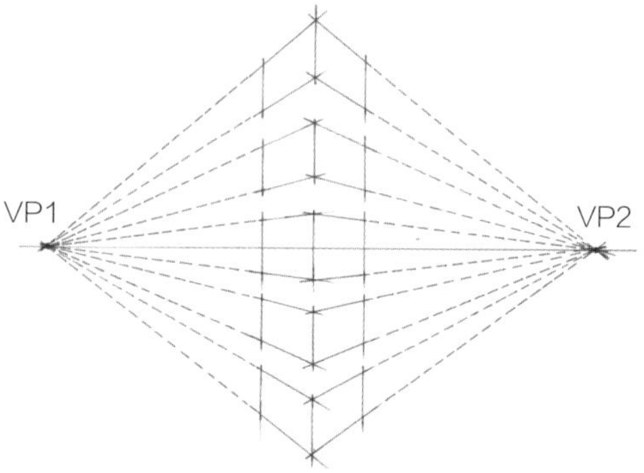

图 2-45 两点透视连线

如图 2-46 所示，两点透视的消失点在同一条水平线上，透视线分别连接 VP1 和 VP2。

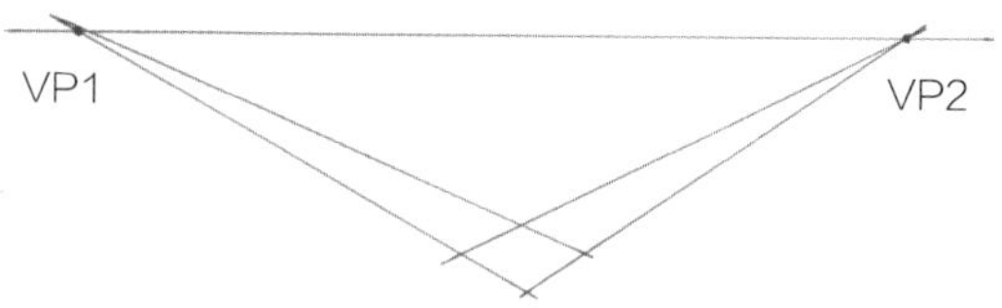

图 2-46 两点透视连线步骤 1

在步骤 1 的基础上，其他位置的连线同样连接 VP1 和 VP2 产生透视（图 2-47）。

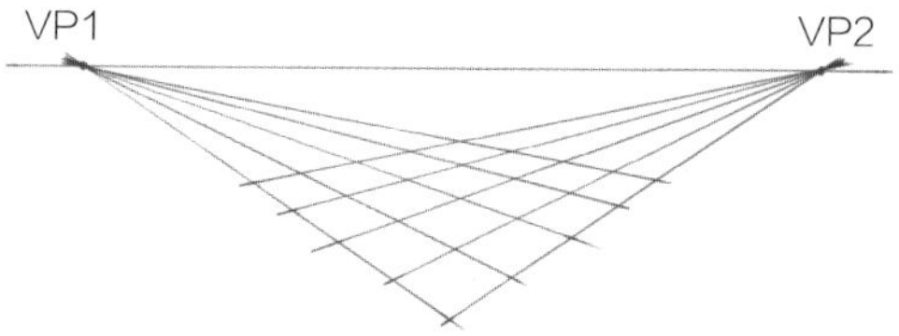

图 2-47 两点透视连线步骤 2

如图 2-48 所示，两点透视的竖直线不产生透视化，其他线条分别和 VP1、VP2 产生透视。

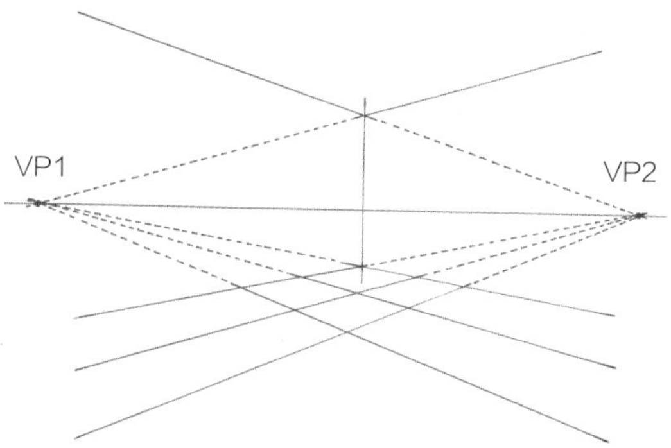

图 2-48 两点透视连线步骤 3

两点透视中有一个特殊的透视关系，它就是一点斜透视。一点斜透视同样遵循两点透视的透视原理，唯一区别是其中一个消失点 VP1 是在空间的内部产生透视，另外一个消失点 VP2 是在空间的外部产生透视。

一点斜透视的两个消失点 VP1 和 VP2 在同一水平位置，水平位置的透视线跟随 VP1 产生透视，其他位置的透视线跟随 VP2 产生透视（图 2-49）。

如图 2-50 所示，竖直线不产生透视，上下水平透视线都跟随 VP1 产生透视，其他位置的透视线跟随 VP2 产生透视。

图 2-51~ 图 2-53 所示是方体两点透视效果。

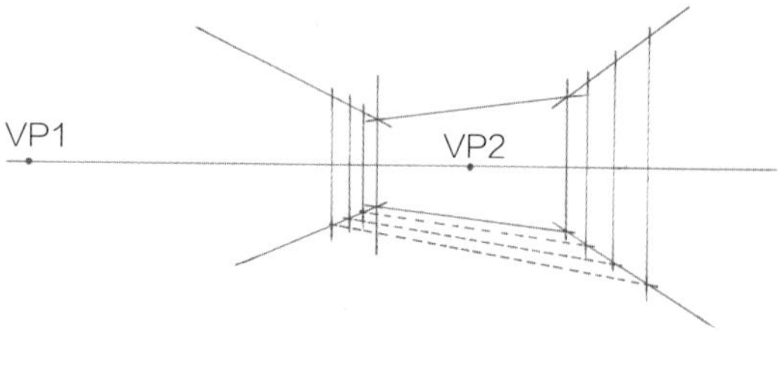

图 2-49 一点斜透视连线步骤 1

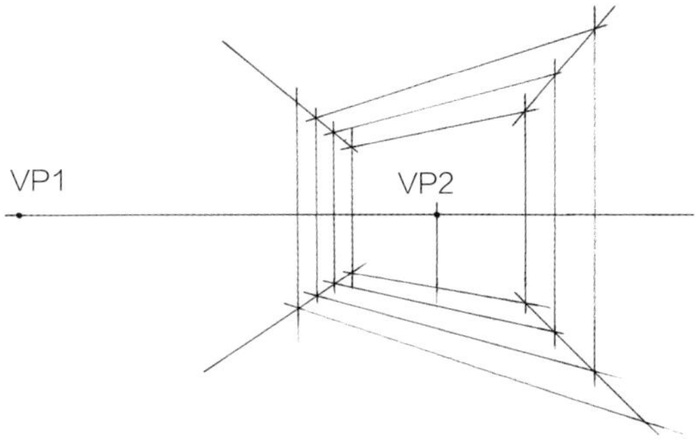

图 2-50　一点斜透视连线步骤 2

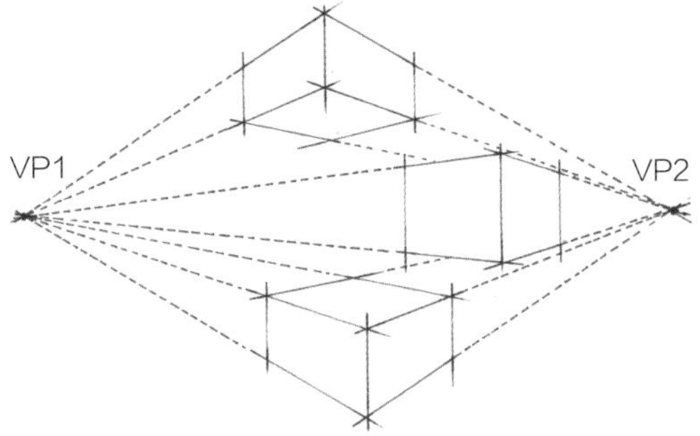

图 2-51　方体两点透视 1

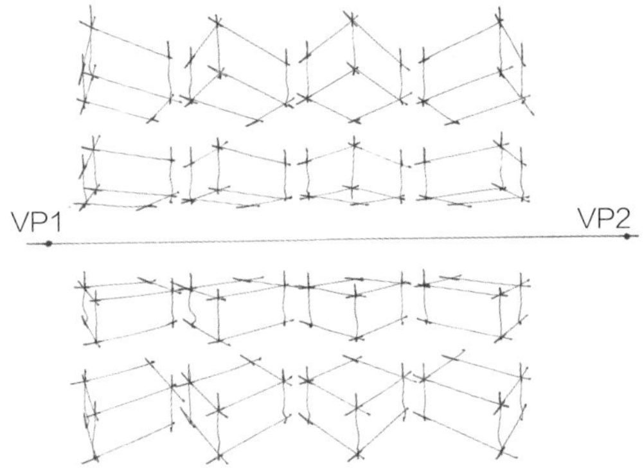

图 2-52　方体两点透视 2

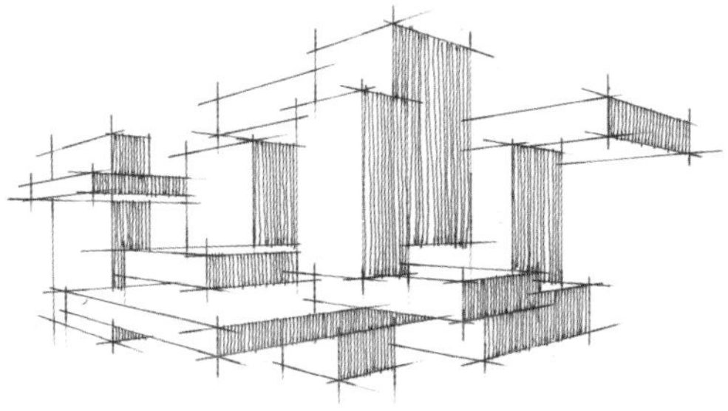

图 2-53　方体两点透视 3

2.3.3　三点透视

三点透视作为一种独特的绘图技法，常用于描绘超高层建筑、俯瞰和仰视的场景。其核心在于引入了三个消失点，其中第三个消失点尤为关键，它必须与画面的主视线保持垂直，并且与视角的二等分线相吻合。基于观察位置的高低差异，高度线可能会消失在遥远的天际（即天点），或隐匿于地面之下（即地点）。而画面中其他两组深度线则会延伸并与视平线相交，形成另外两个消失点，它们通常位于地平线上。

三点透视的作图原理，可以在两点透视作图原理的基础上演变而来。在保留两点透视中的两个消失点不变的前提下，我们在视平线的上方或下方增设一个消失点。这一变化使得原本在两点透视中与画面垂直的立方体的边线，在三点透视中则转变为朝向第三个消失点的倾斜线。当第三个消失点位于视平线上方时，呈现为仰视图；而当其位于视平线下方时，则呈现为俯视图。这样的布局和变化不仅丰富了画面的空间层次，还使得作品更具立体感和深度。

三点透视的特点如下。

①水平方向的线产生透视。

②垂直方向的线产生透视。

③三个消失点。

如图 2-54 所示，上边方体产生的透视线分别跟随 VP1、VP2 和 VP3 产生三点透视，下边方体的透视线分别跟随 VP2、VP3 和 VP4 产生三点透视。

图 2-55~ 图 2-57 所示为方体三点透视效果。

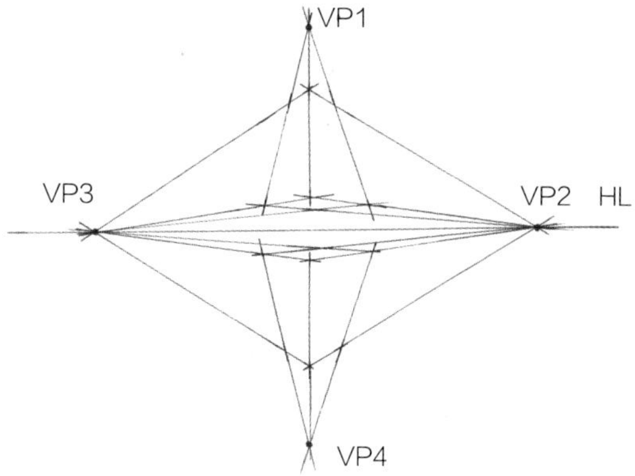

图 2-54　三点透视连线

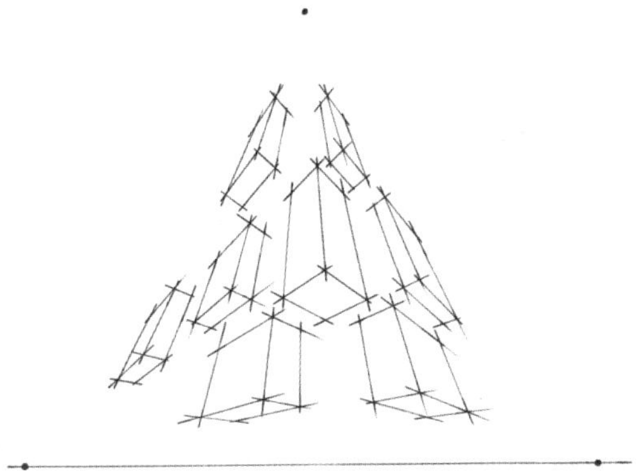

图 2-55　方体三点透视 1

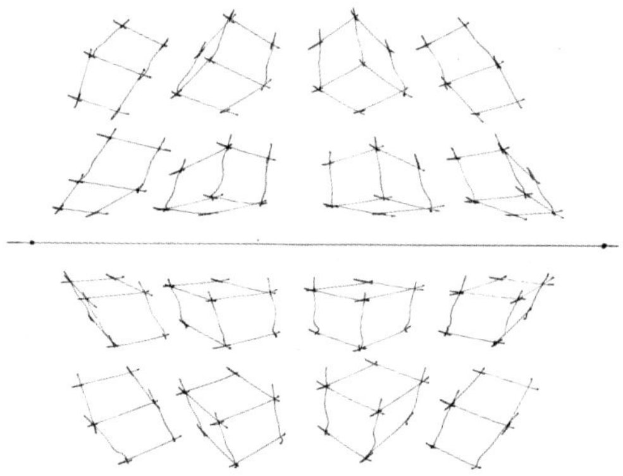

图 2-56　方体三点透视 2

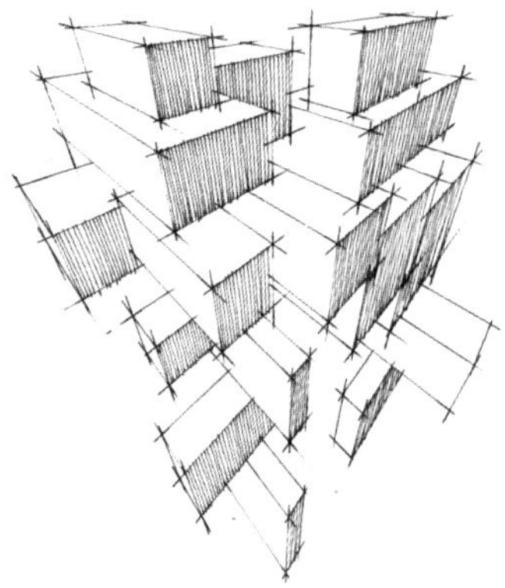

图 2-57　方体三点透视 3

课后思考与练习

①进行慢线、快线、抖线、弧线的线条练习。

②进行一点透视、两点透视、三点透视方体的练习。

③适应不同品牌中性笔的特性。

3

几何体练习

简单几何体练习

光线与投影练习

组合体练习

本章重点：

①掌握简单几何体的训练方法，准确绘制简单几何体。

②理解几何体的投影关系，并能够通过线条进行准确表现。

③将不同简单几何体组合在一起并进行准确的图形绘制。

学习目标：

①准确掌握几何体的绘制方法，并理解几何体的投影关系。

②加强对大自然的观察与理解，注意对细节的把握。

几何体的练习在表现技法的练习中有着重要的作用。在几何体练习中需要注意以下几点。

①在开始绘画之前，对几何体的基本结构有一个清晰的理解至关重要。练习者需要了解几何体的形状、比例、透视关系以及可能产生的阴影效果。这种理解能够帮助练习者更精确地捕捉并表现几何体的形态。

②在绘制过程中，线条的运用是一个不可忽视的方面。线条的粗细、长短和深浅变化能够有效地表现几何体的轮廓和质感。同时，保持线条的流畅性和连贯性也至关重要，可以避免作品显得生硬或杂乱。

③光影效果是增强几何体立体感的关键。需要仔细观察光源的位置和强度，以及它如何影响几何体的阴影和明暗效果。在绘画时，要注意光源方向对几何体形态和质感的影响，并尝试通过光影效果来加强作品的立体感。

④透视关系也是在绘制几何体时需要考虑的重要因素。透视是表现空间感和立体感的有效手段。在绘画过程中，需要注意透视规律的应用，如近大远小、近宽远窄等，以更准确地表现几何体在空间中的位置和形态。

3.1　简单几何体练习

简单几何体的练习需要注意透视，要保证结构透视的准确性。在绘制时，需要对几何体进行多次对比（图 3-1~ 图 3-10）。

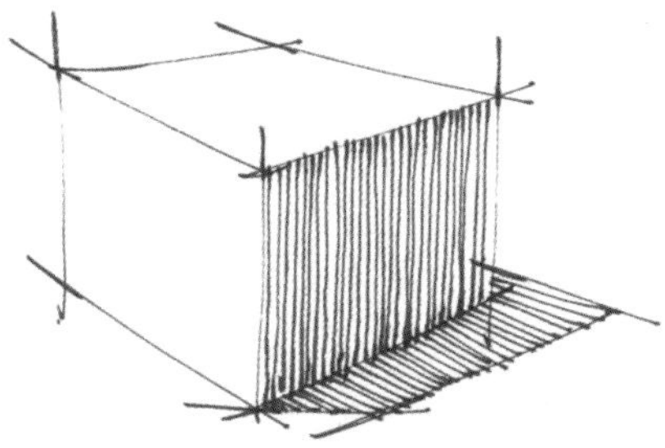

图 3-1　简单几何体 1

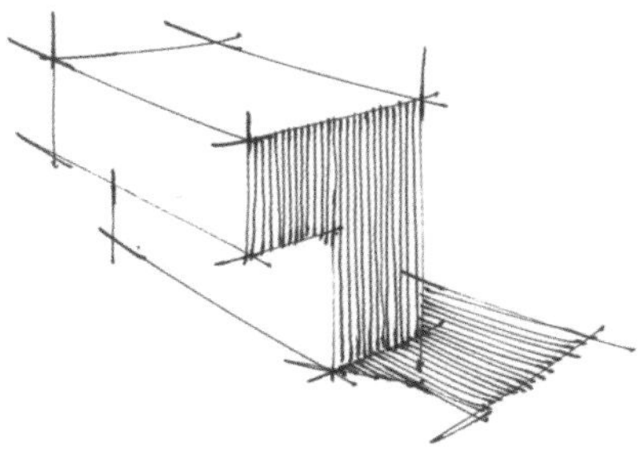

图 3-2　简单几何体 2

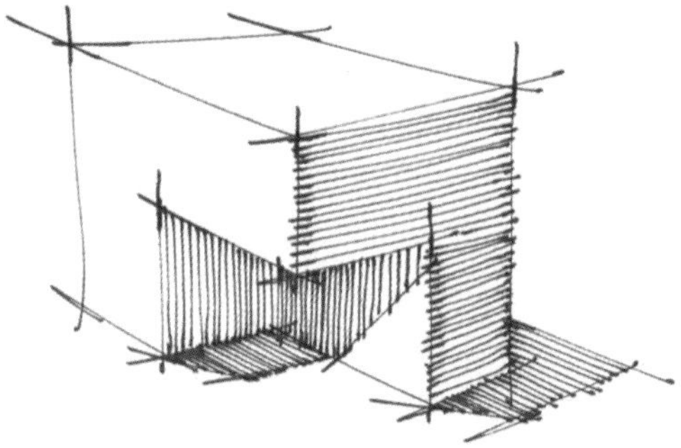

图 3-3　简单几何体 3

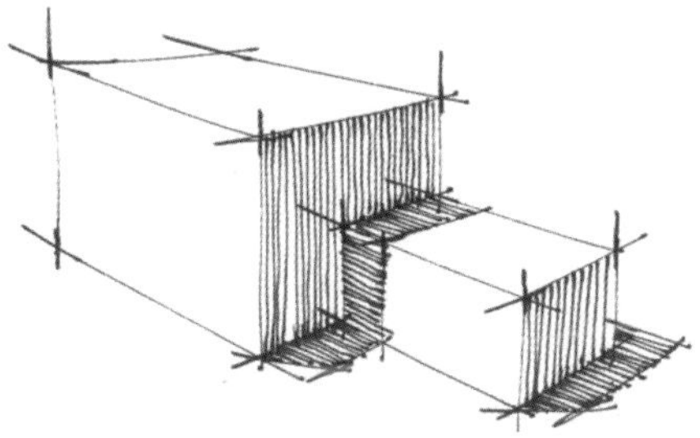

图 3-4　简单几何体 4

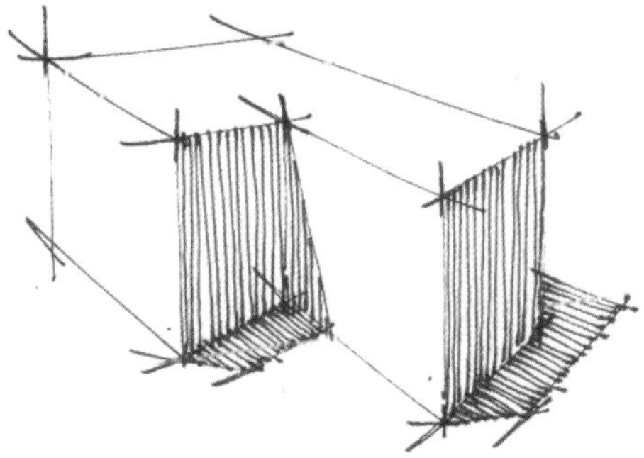

图 3-5　简单几何体 5

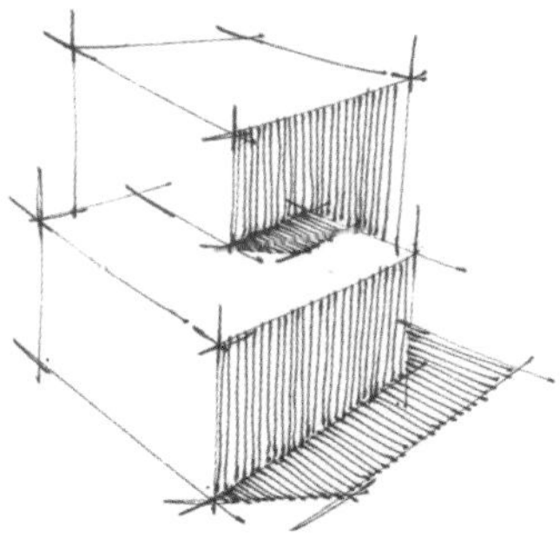

图 3-6　简单几何体 6

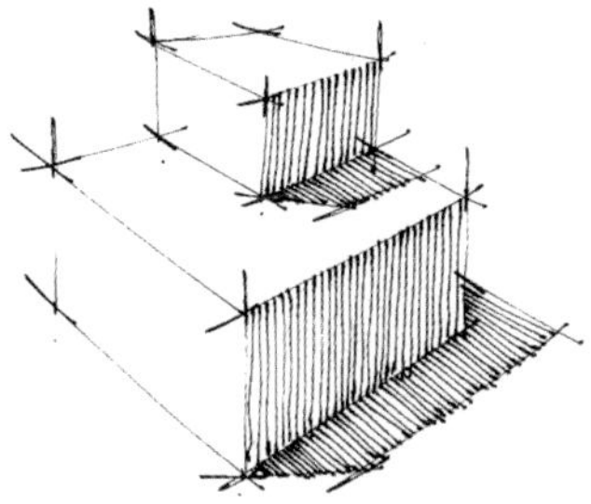

图 3-7　简单几何体 7

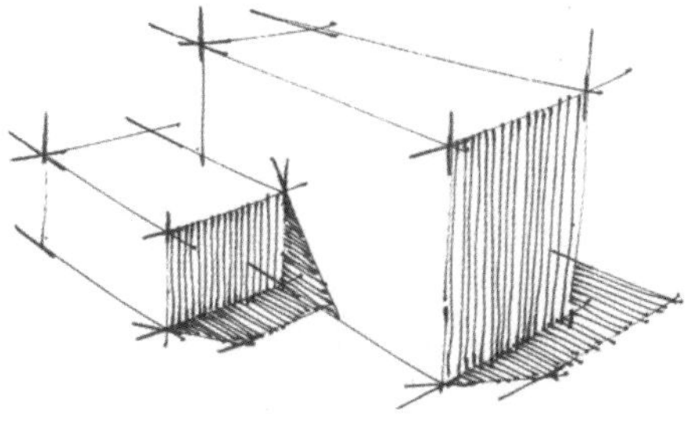

图 3-8　简单几何体 8

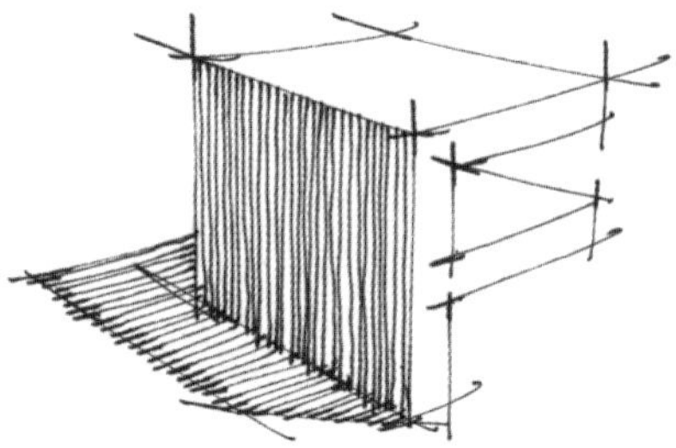

图 3-9　简单几何体 9

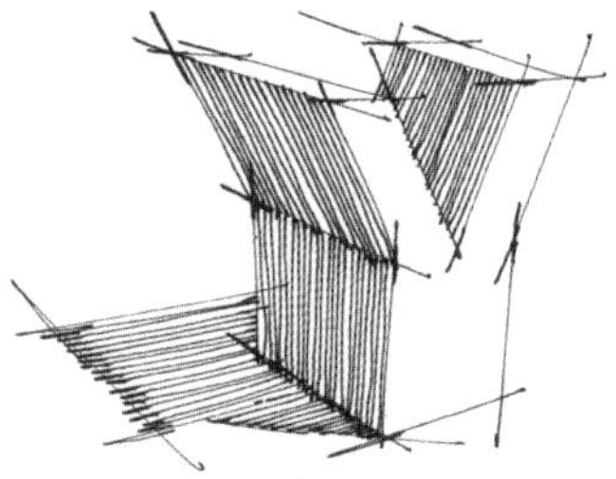

图 3-10　简单几何体 10

3.2　光线与投影练习

光线的角度的不同，投影的方向和大小会不同。当太阳照射物体时，光线会因为物体形状而产生投影形状（图 3-11）。

光线距离物体的远近不同，投影的大小也会不同。当光线距离物体近的时候，投影比较小；当光线距离物体远的时候，投影会变大（图 3-12）。

当光线的角度位置发生变化时，投影的大小和位置也会发生变化。如图 3-13 与图 3-14 所示，当太阳光的角度发生变化之后，投影的位置也会发生变化。

投影排线的方法主要有四种：斜线排线、垂直线排线、顺着透视线排线、顺着结构排线。投影排线主要是用来表达投影关系的。

斜线排线：暗部与阴影在进行斜线排线的时候，45° 的排线较为常用，排线过程中注意线头不要超出或者过分超出，线头的超出会影响物体的结构（图 3-15）。

垂直线排线：投影沿着垂直线方向进行排线的时候，需要注意排线的节奏感，线头不要超出或者过分超出，以减少对物体结构的影响（图 3-16）。

顺着透视线排线：暗部位置在顺着透视线排线的时候，需要注意线条的透视关系，并且注意线条的节奏感，线头不要超出或者过分超出，以减少对物体结构的影响（图 3-17）。

顺着结构排线：暗部位置可以顺着结构进行排线，需要注意排线的节奏感，线条不要超出或者过分超出，以减少对物体结构的影响（图 3-18）。

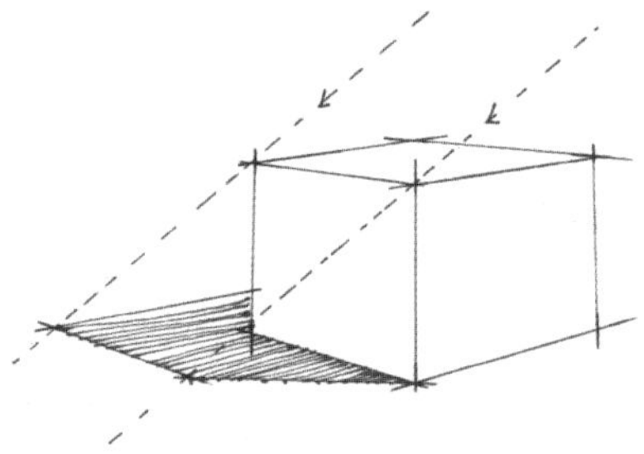

图 3-11　方体光影

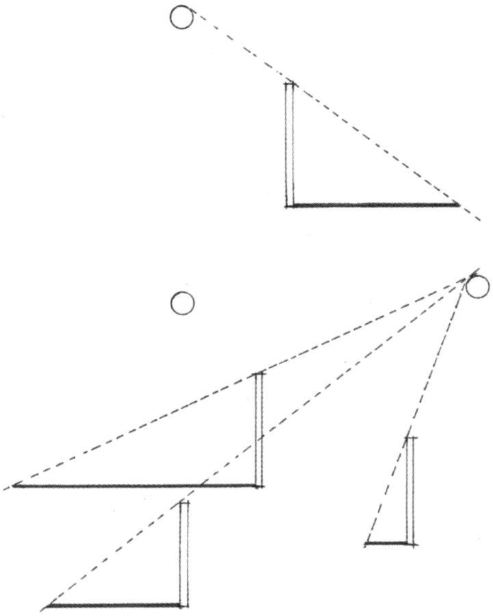

图 3-12　光影大小变化

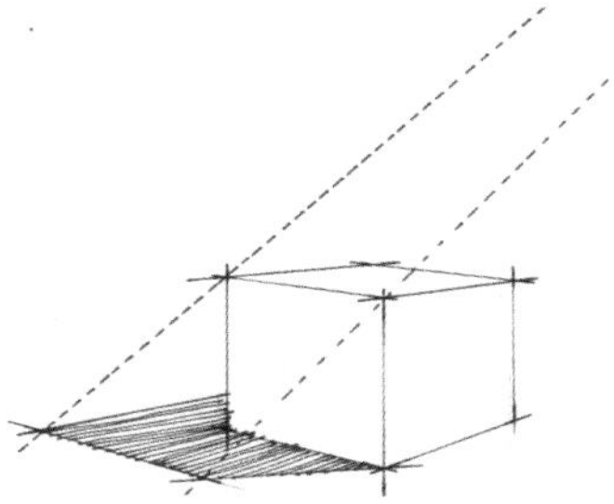

图 3-13　光影角度变化 1

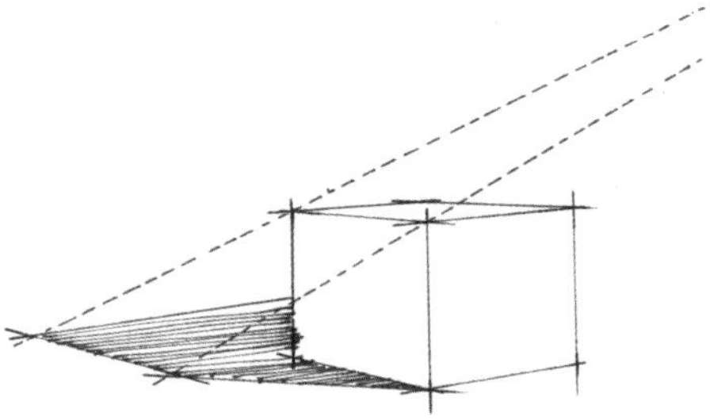

图 3-14　光影角度变化 2

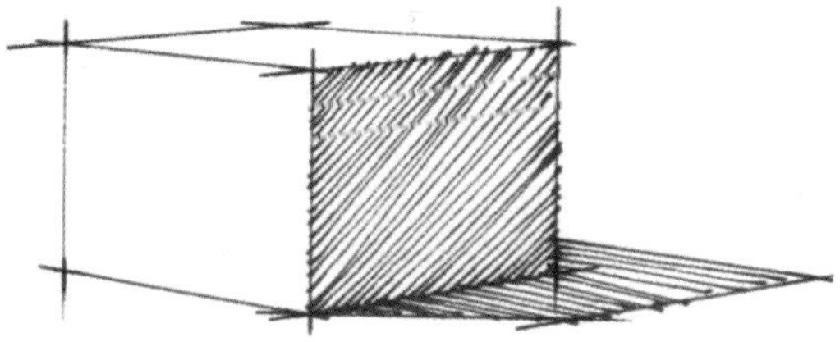

图 3-15　斜线排线

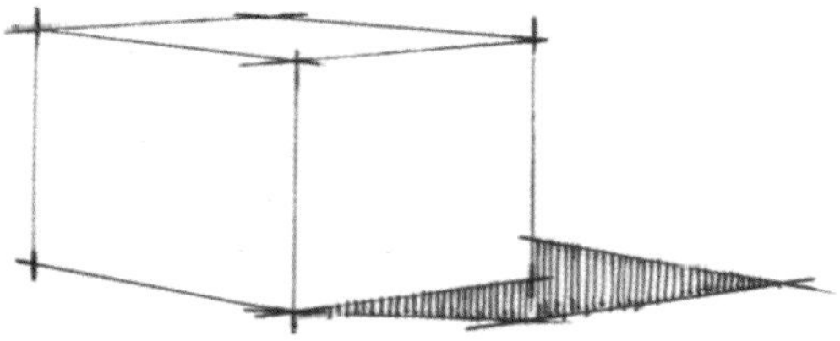

图 3-16　垂直线排线

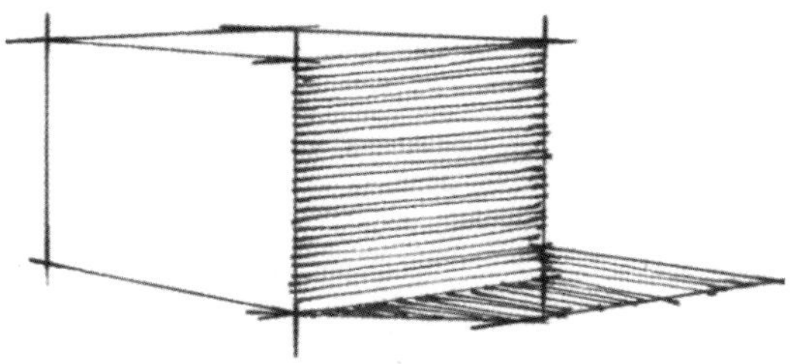

图 3-17　顺着透视线排线

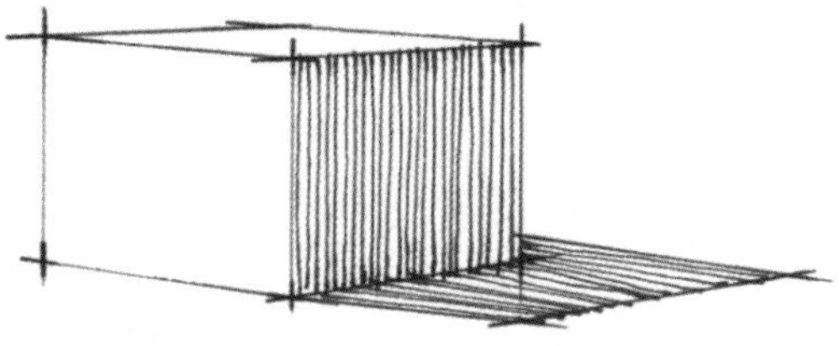

图 3-18　顺着结构排线

3.3 组合体练习

进行比较复杂的组合体练习时，需要注意几何体之间的透视与形体比例关系。构图是绘画的基础，在绘制几何体组合时，要注意平衡、对比、节奏等构图原则的运用，使画面更加和谐统一。理解并应用透视原理是绘制具有立体感几何体的关键。近大远小、近实远虚是基本的透视法则。

光源的位置和强度会影响阴影和高光的位置和强度。通过调整光源的位置和强度，可以控制画面的明暗对比和立体感。

在进行组合体绘制时，需要不断地注意图形之间的结构关系。几何体的绘制由线条组成，在进行每一条线条的绘制时要不断注意线条之间的透视关系，确保几何体透视的准确性，暗部与投影的排线要细致并且准确。

如图 3-19~ 图 3-35 所示，在绘制组合体的时候，需要注意透视关系，确保透视的准确性，暗部与投影的排线要细致刻画，线头不要超出而影响图形结构。

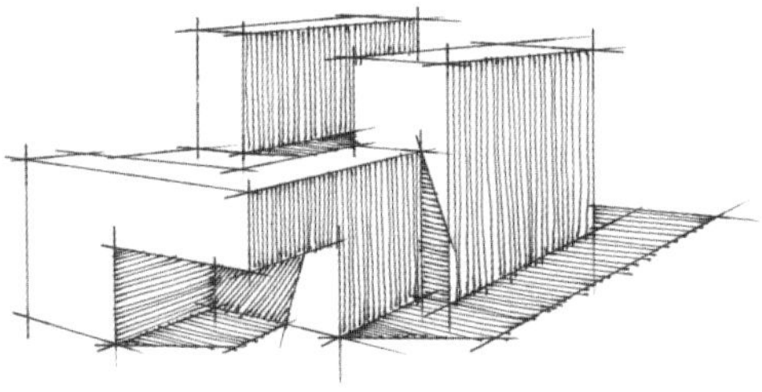

图 3-19　组合体 1

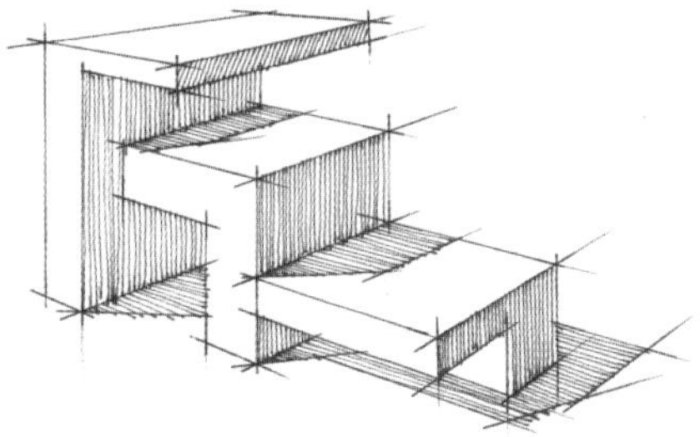

图 3-20　组合体 2

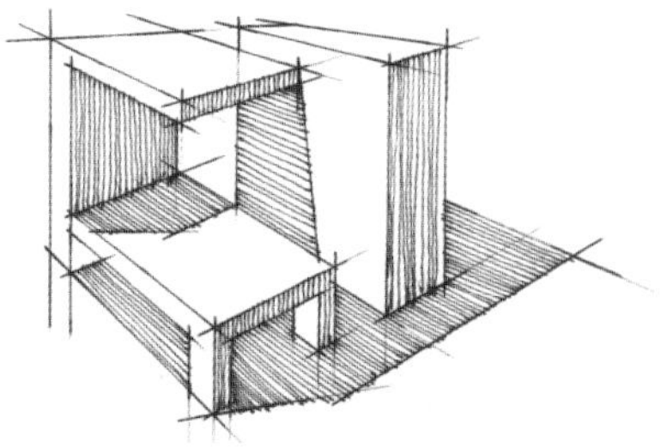

图 3-21　组合体 3

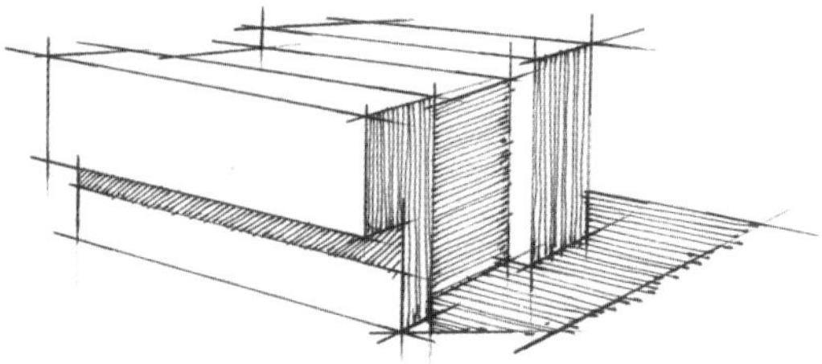

图 3-22　组合体 4

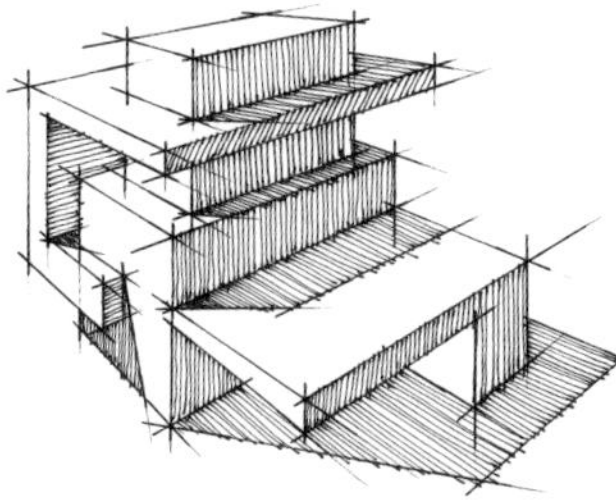

图 3-23　组合体 5

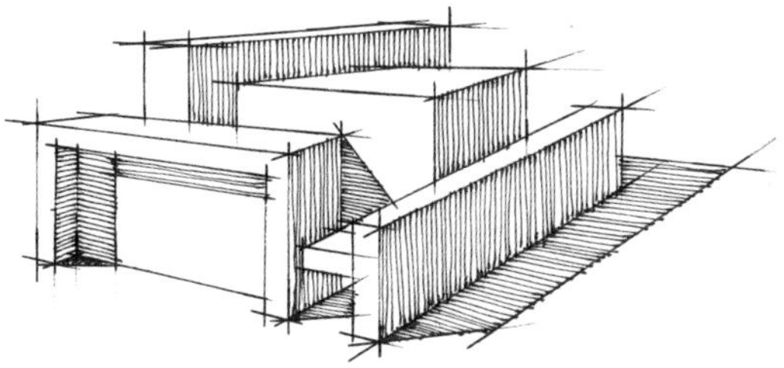

图 3-24　组合体 6

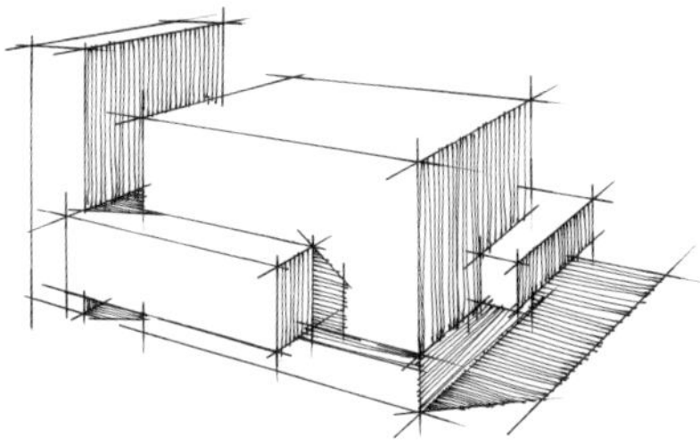

图 3-25　组合体 7

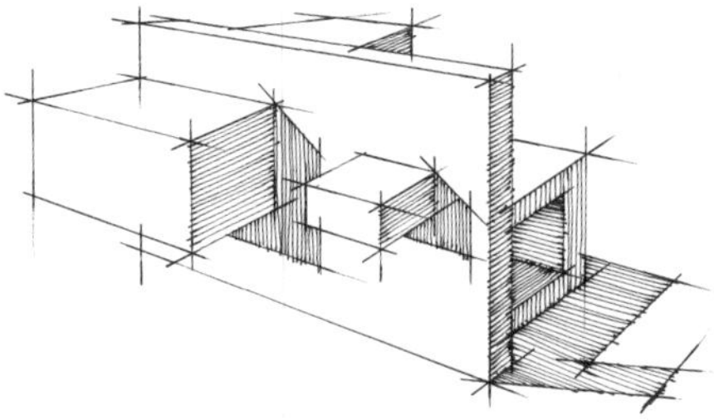

图 3-26　组合体 8

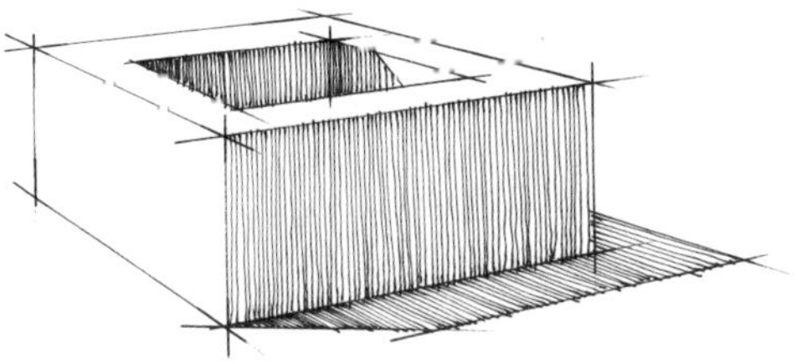

图 3-27　组合体 9

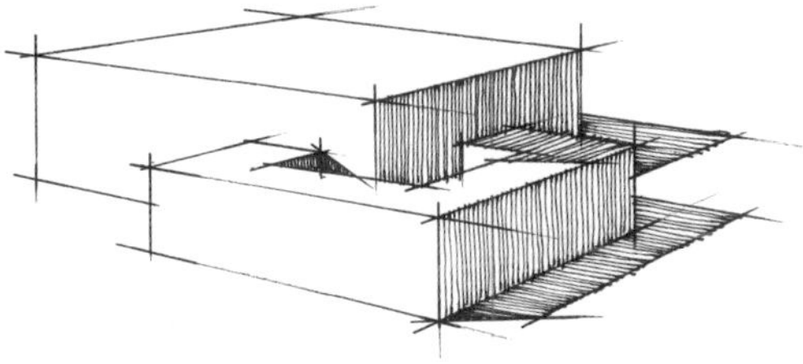

图 3-28　组合体 10

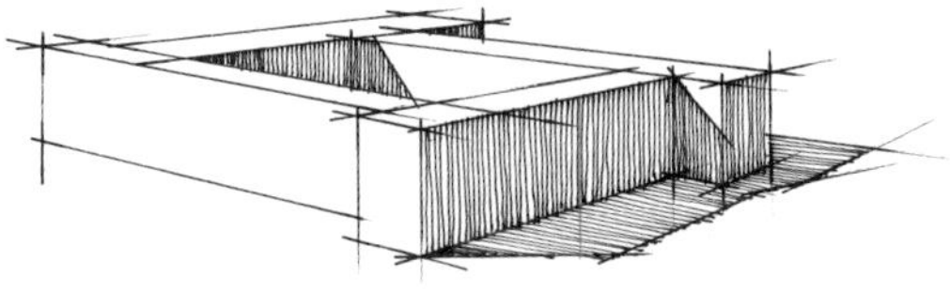

图 3-29　组合体 11

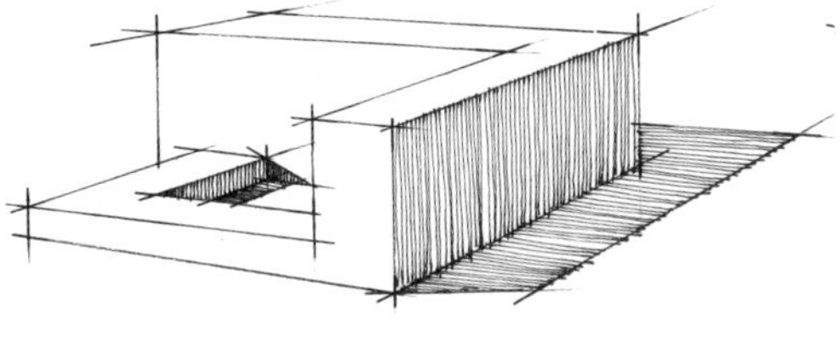

图 3-30　组合体 12

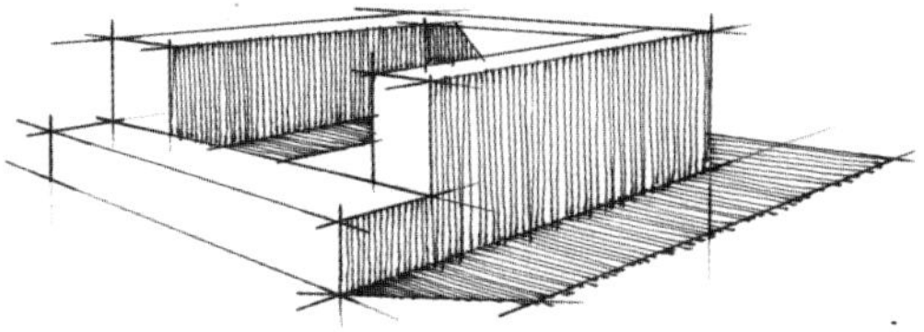

图 3-31　组合体 13

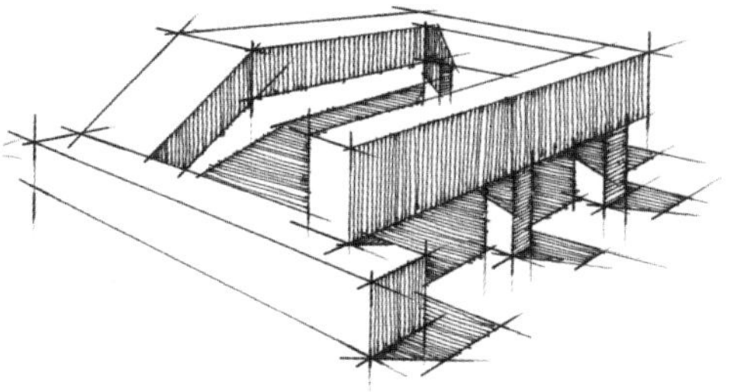

图 3-32　组合体 14

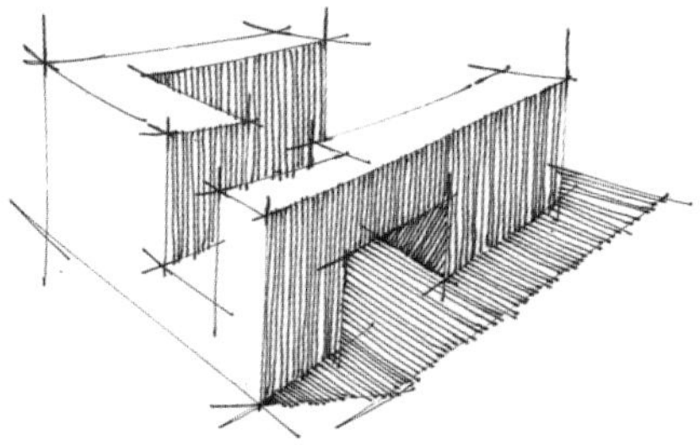

图 3-33　组合体 15

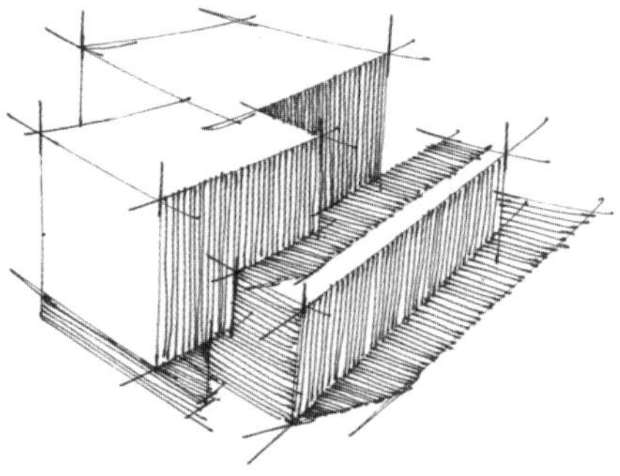

图 3-34　组合体 16

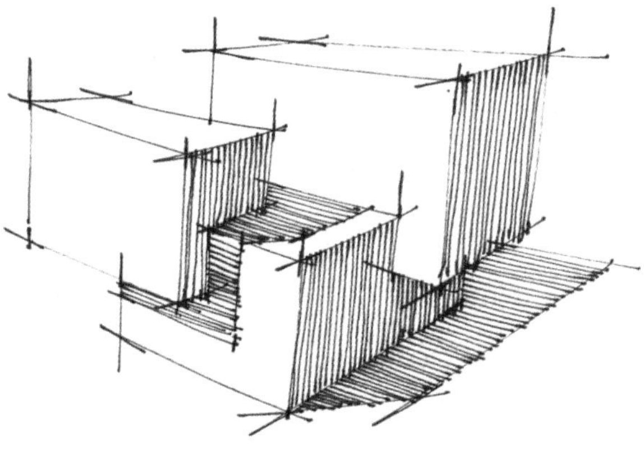

图 3-35　组合体 17

课后思考与练习

①绘制一系列几何形体，包括长方体、正方体等，要注意线条的准确性和形状的规范性。

②理解光源与投影之间的关系，包括光源的方向、投影的形状。

③将多个几何体组合在一起，形成一个复杂的几何体，注意几何体的比例、透视关系。

4

单体练习

家具练习

抱枕练习

景观单体练习

建筑单体练习

本章重点：

①掌握家具单体的训练方法，正确把握家具形体及其透视的绘制。

②掌握景观单体、建筑单体的训练方法，理解建筑形体与透视之间的关系。

③掌握如何通过线条的疏密表达形体之间的层次感。

学习目标：

①准确掌握家具、建筑、景观的表现技法，理解形体之间的穿插关系与层次表现。

②养成自主学习的习惯，能够主动获得知识和技能，不断提升自己。

4.1 家具练习

手绘表现中的家具可以简单理解为由方体组合、切割而来，绘制时需要注意家具的透视关系，注意各部分结构之间的穿插关系，按照结构或者透视的方向进行排线。

如图 4-1、图 4-2 所示，贵妃榻可简单分解为方体，其透视原理与方体的透视原理相同。绘制贵妃榻时，需要注意线条的柔软性，增加线条的弧度。

图 4-3 所示沙发是在图 4-2 的基础上绘制了一个靠背，绘制时注意透视关系以及线条的柔软性。

图 4-4 所示沙发，在图 4-3 的基础上对结构进行了丰富，但是依然遵循相同的透视原理。绘制时注意沙发的比例关系，确保比例以及透视的准确性。

不同造型的沙发及其他家具手绘表现效果如图 4-5 ~图 4-18 所示。

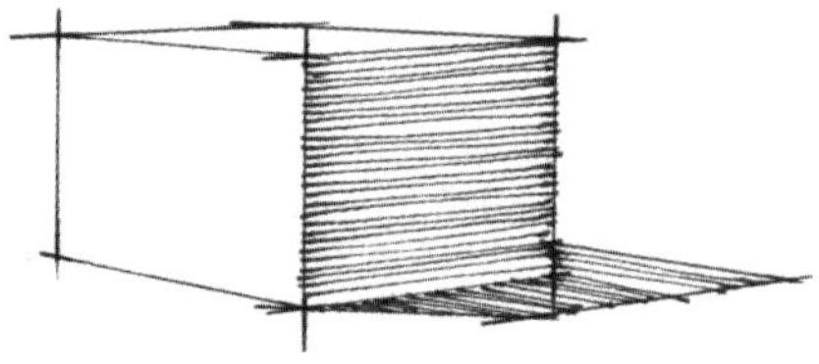

图 4-1　方体

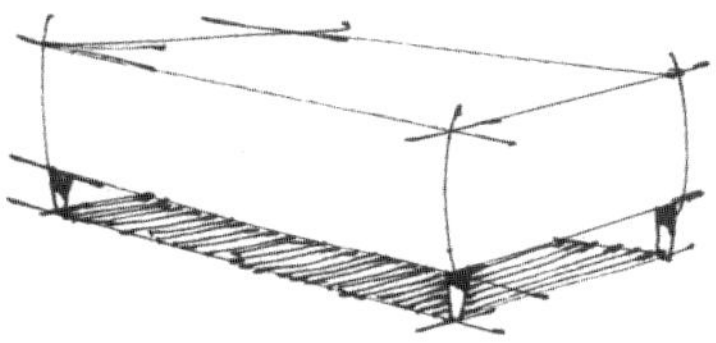

图 4-2　贵妃榻

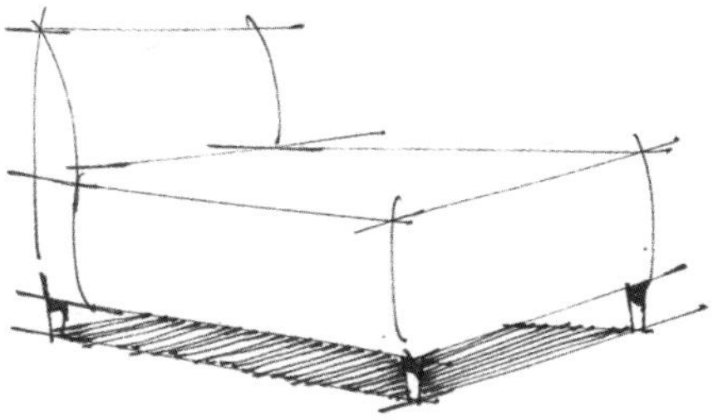

图 4-3　沙发 1

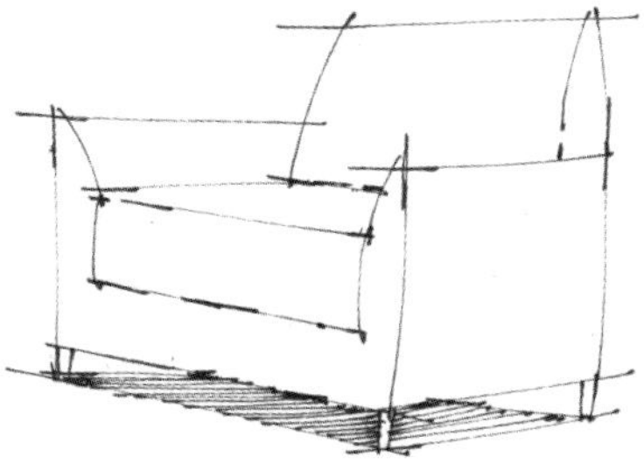

图 4-4　沙发 2

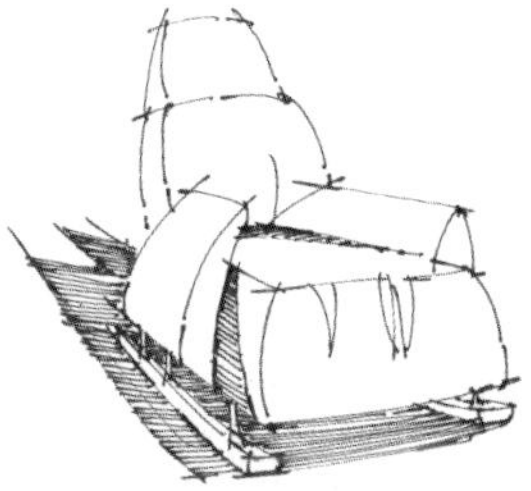

图 4-5　沙发 3

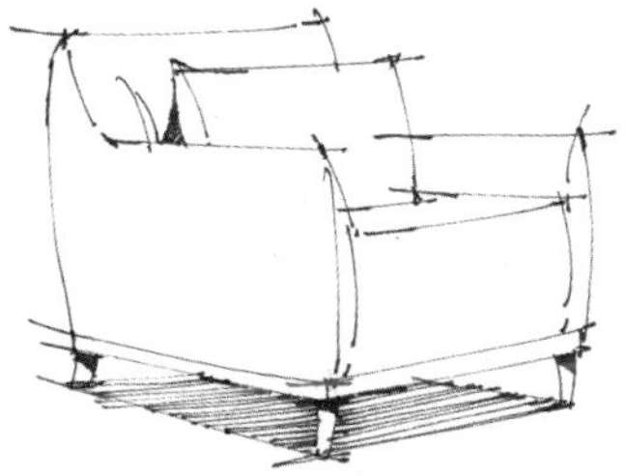

图 4-6　沙发 4

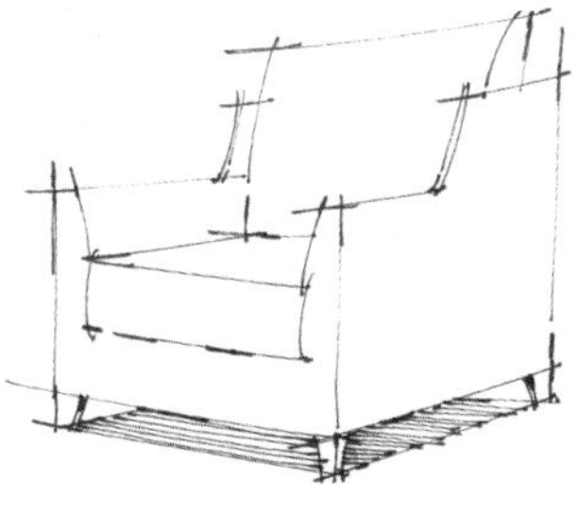

图 4-7　沙发 5

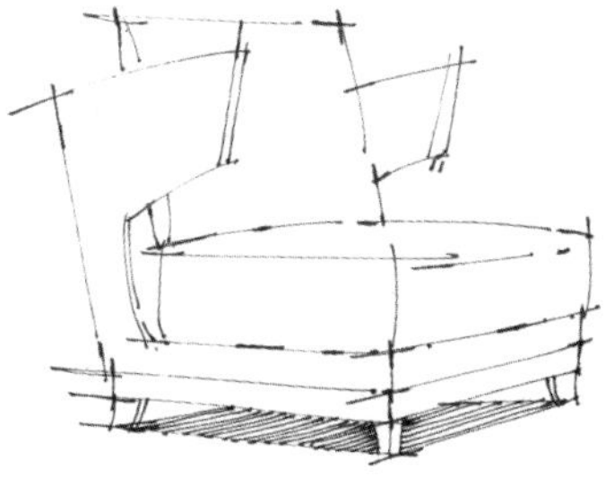

图 4-8　沙发 6

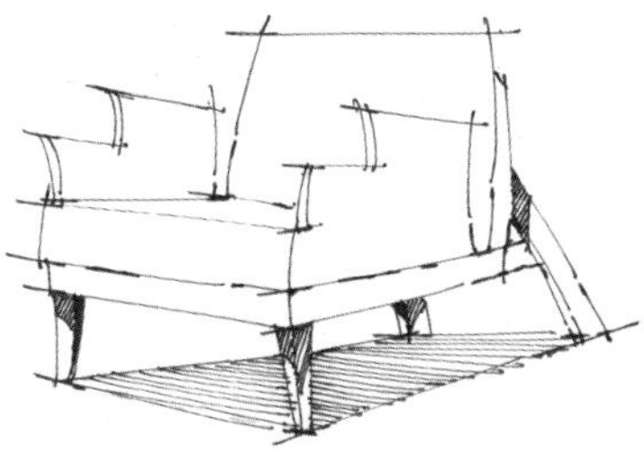

图 4-9　沙发 7

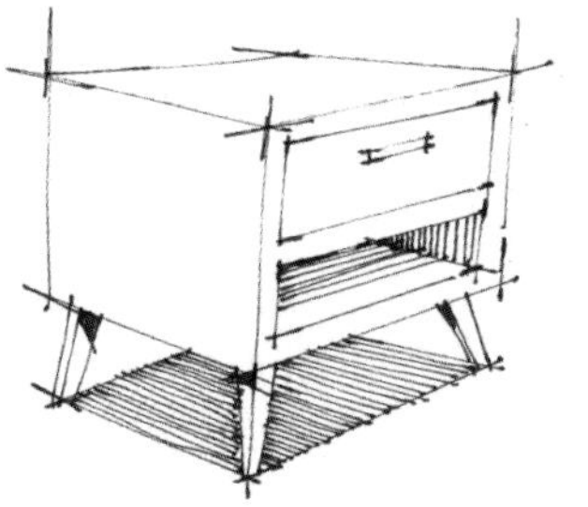

图 4-10　沙发柜

图 4-11　椅子 1

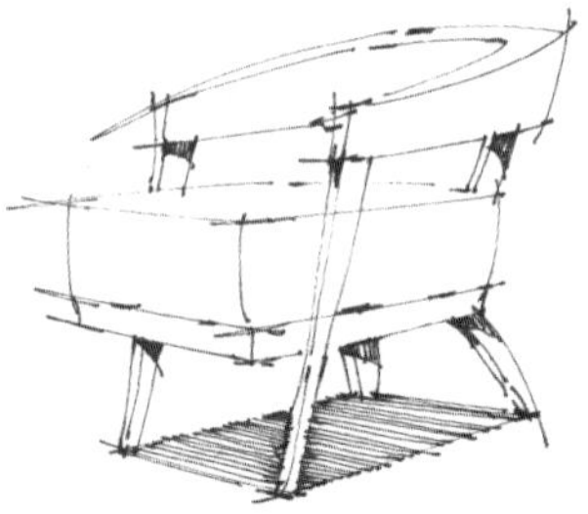

图 4-12　椅子 2

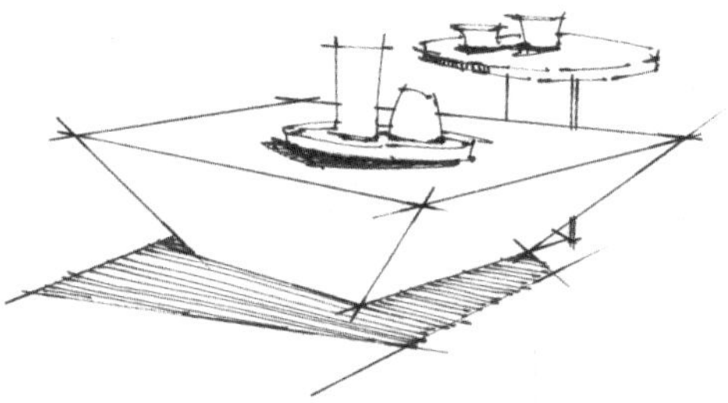

图 4-13　茶几 1

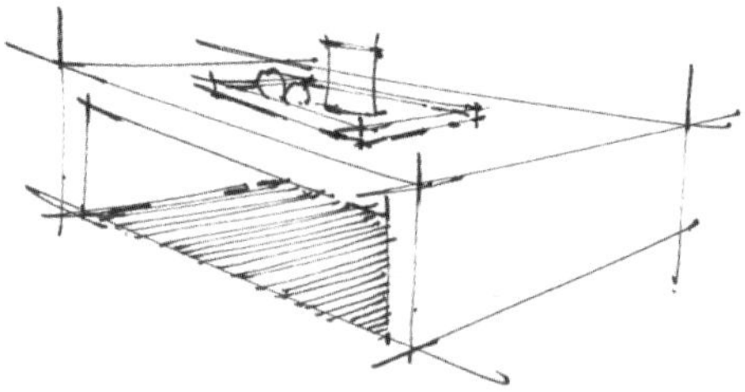

图 4-14　茶几 2

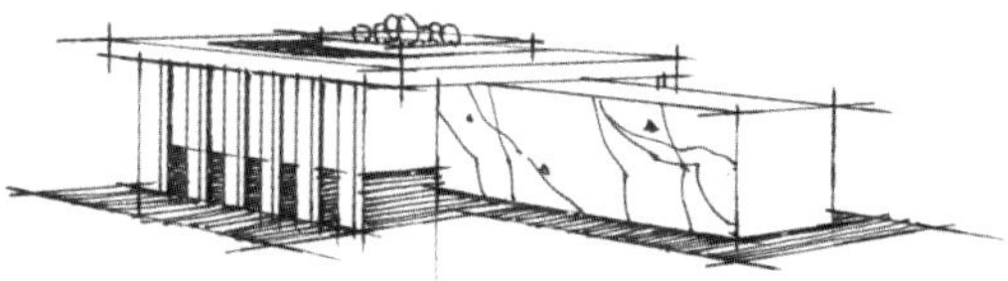

图 4-15　茶几 3

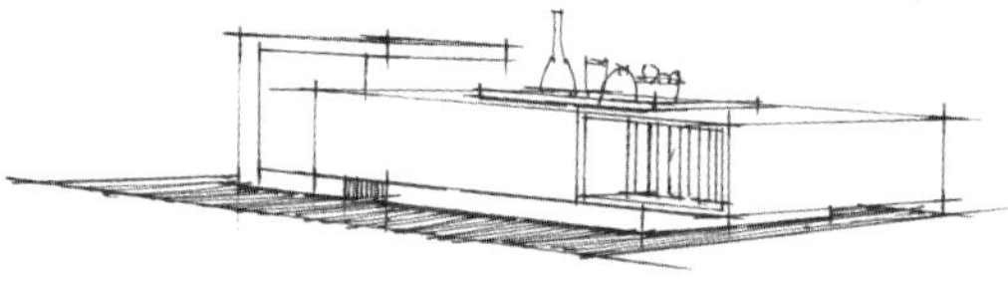

图 4-16　茶几 4

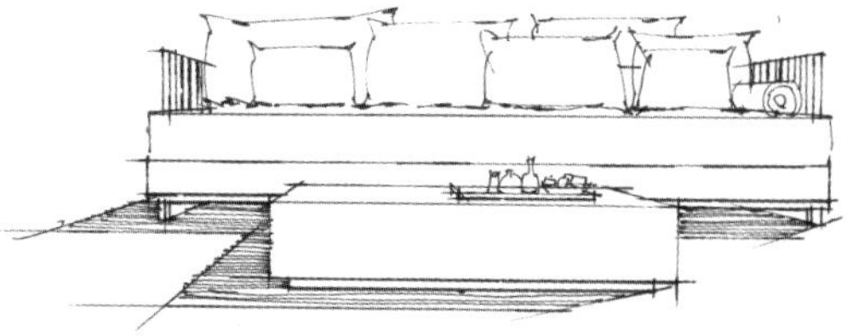

图 4-17　沙发组合 1

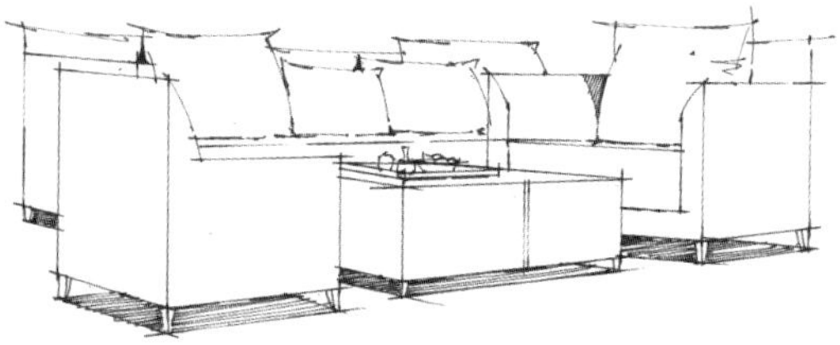

图 4-18　沙发组合 2

4.2 抱枕练习

绘制抱枕时需要注意抱枕的柔软特点，线条不能太硬，并且要注意抱枕的褶皱关系，褶皱的绘制不宜过多（图 4-19）。

绘制抱枕组合时，需要注意抱枕之间的透视关系，并且要注意抱枕的搭接关系、投影关系（图 4-20~ 图 4-23）。

图 4-19　抱枕

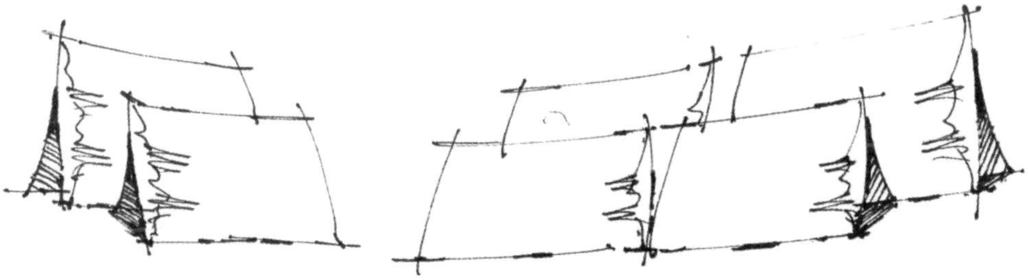

图 4-20　抱枕组合 1

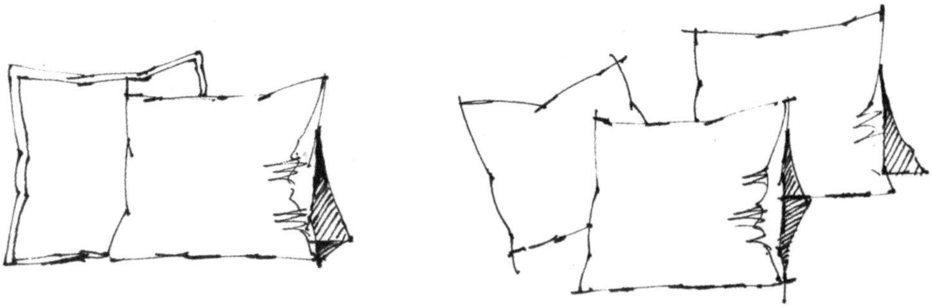

图 4-21　抱枕组合 2

图 4-22　抱枕组合 3

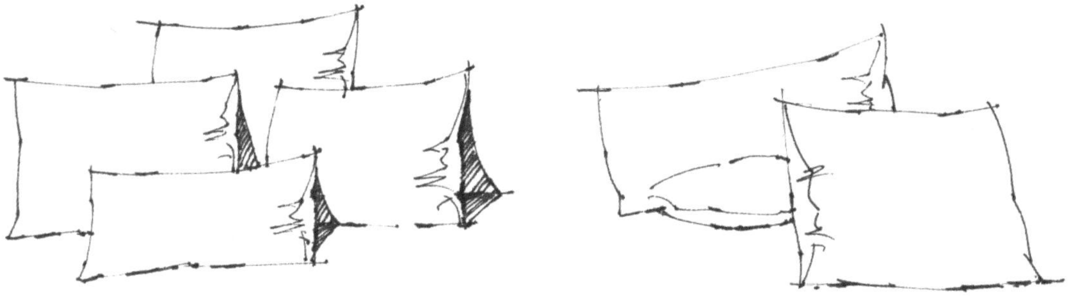

图 4-23　抱枕组合 4

4.3　景观单体练习

景观单体作为景观空间的表现元素之一，能够对空间进行划分和界定。景观空间能够组织空间序列，引导人流动线，而景观单体通过独特的色彩、质感、造型等，能够增加景观的观赏价值。绘制景观单体时，要根据物体的形态和投影变化，通过线条的方向和疏密变化表现其质感和体积，注意结构的穿插关系，以及结构之间的透视关系。

图 4-24 所示景观单体的透视是两点透视，通过对透视的准确表达，能够体现景观空间的体积感和空间感。绘制投影时，需要注意线条的疏密关系。

在绘制图 4-25 所示的景观单体时需要注意单体的透视关系，以便准确表达单体结构。投影的变化通过线条的疏密关系进行表达，以体现物体的立体感和空间感。

其他景观单体手绘表现效果如图 4-26~图 4-37 所示。

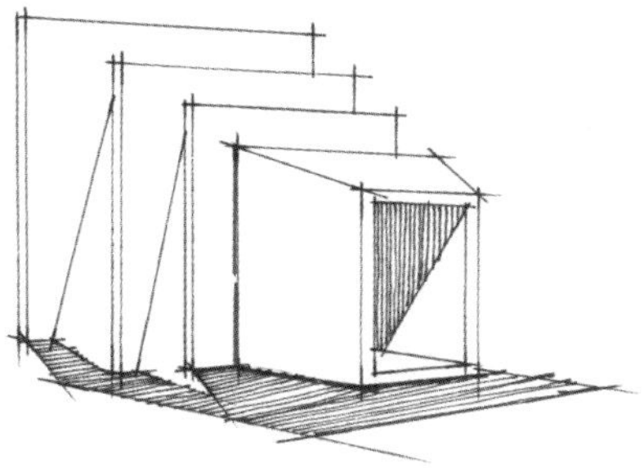

图 4-24　景观单体 1

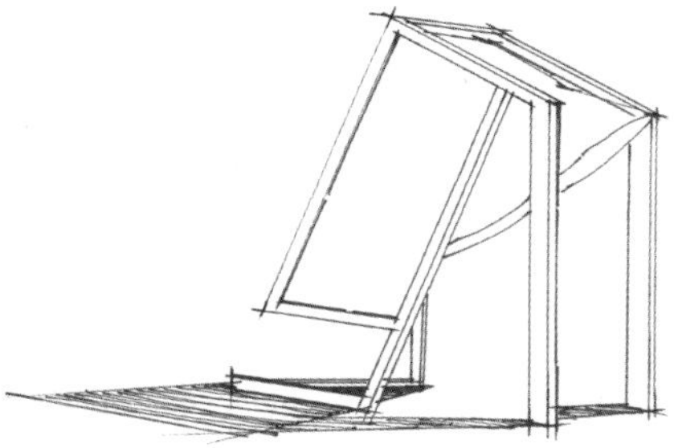

图 4-25　景观单体 2

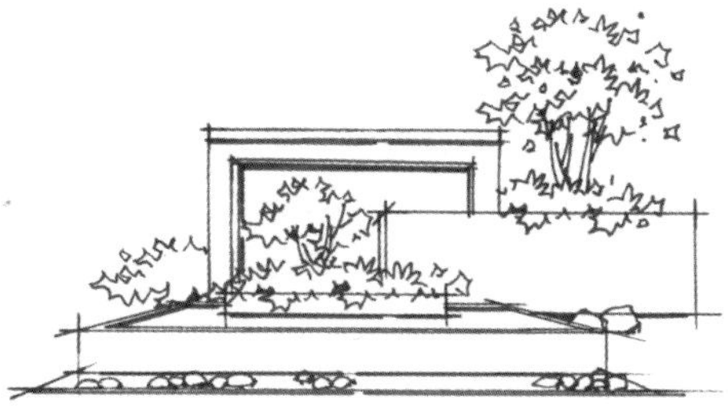

图 4-26　景观单体 3

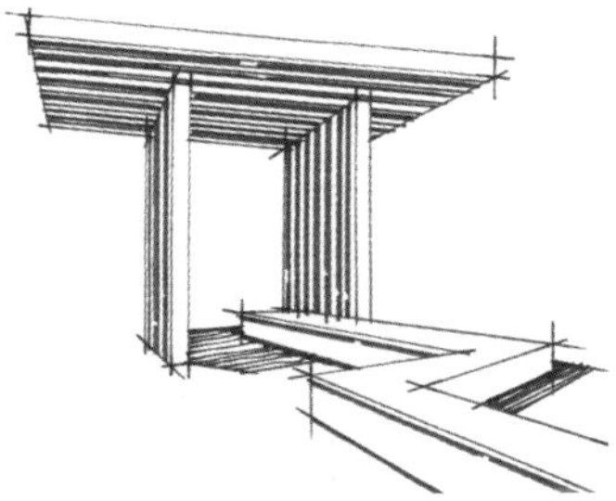

图 4-27　景观单体 4

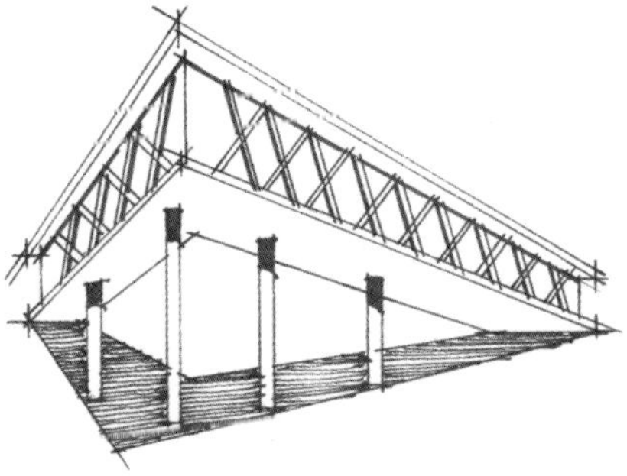

图 4-28　景观单体 5

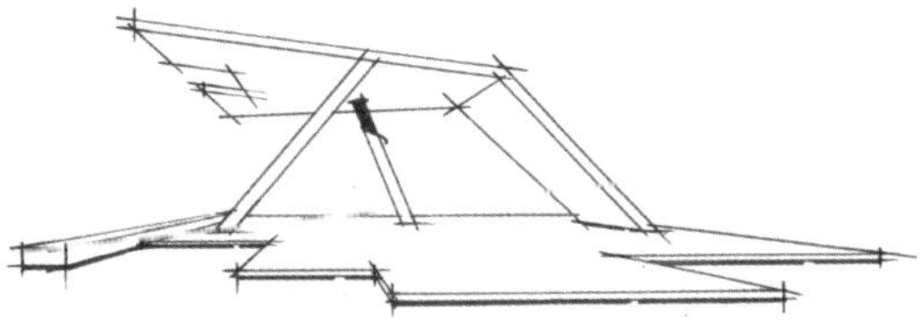

图 4-29　景观单体 6

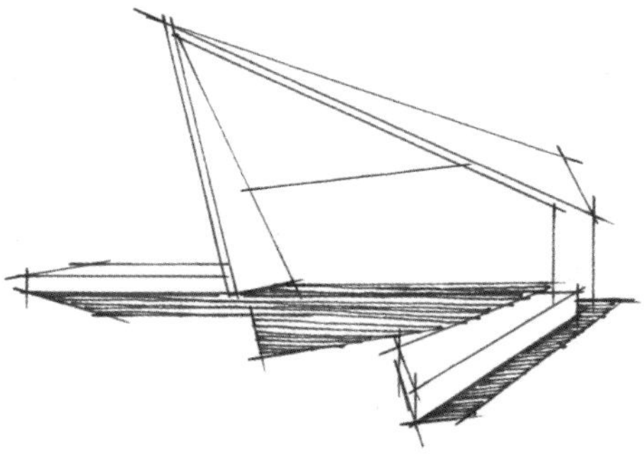

图 4-30　景观单体 7

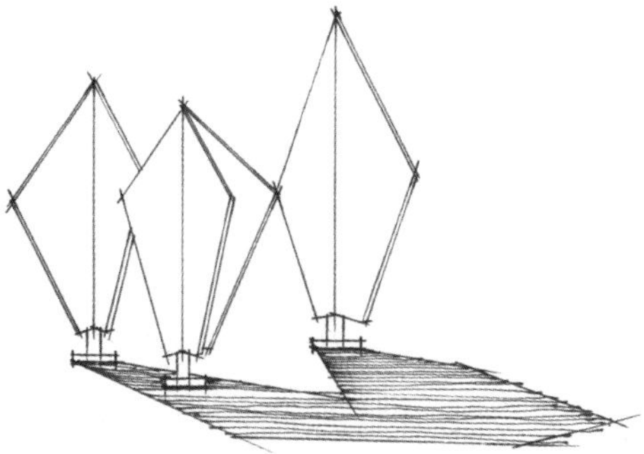

图 4-31　景观单体 8

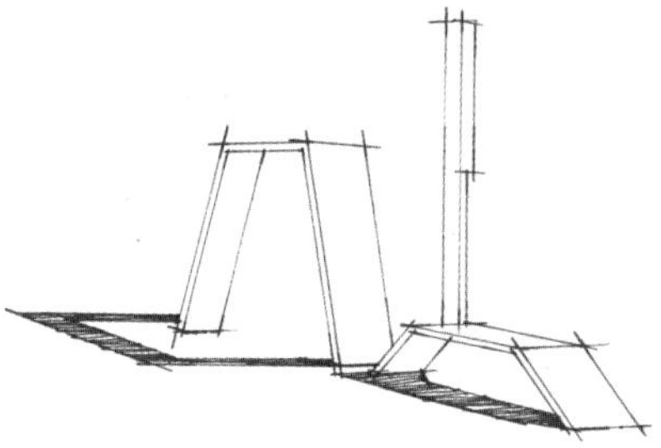

图 4-32　景观单体 9

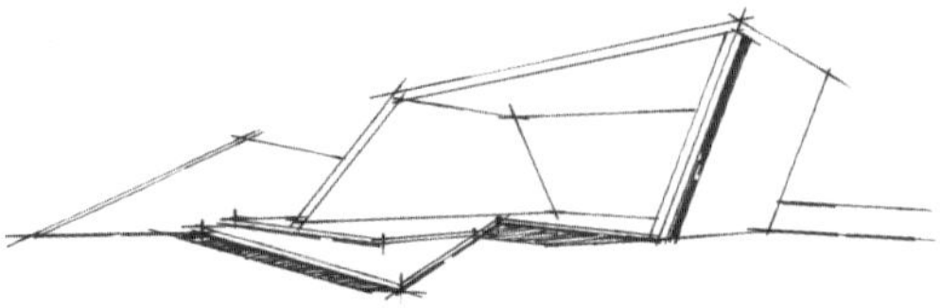

图 4-33　景观单体 10

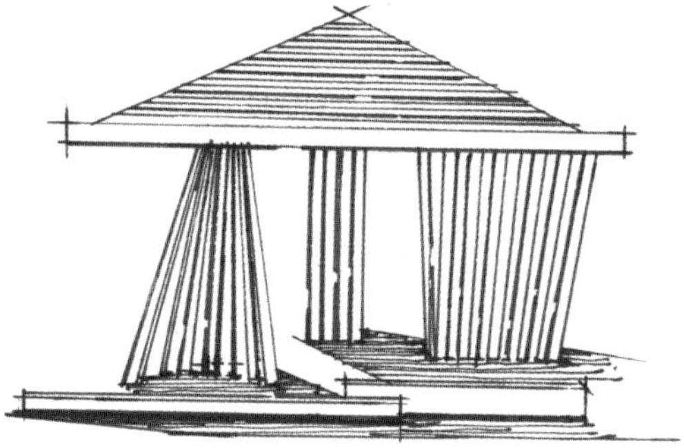

图 4-34　景观单体 11

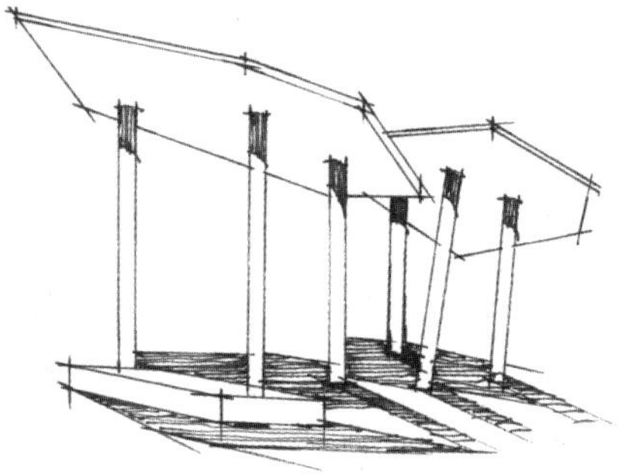

图 4-35　景观单体 12

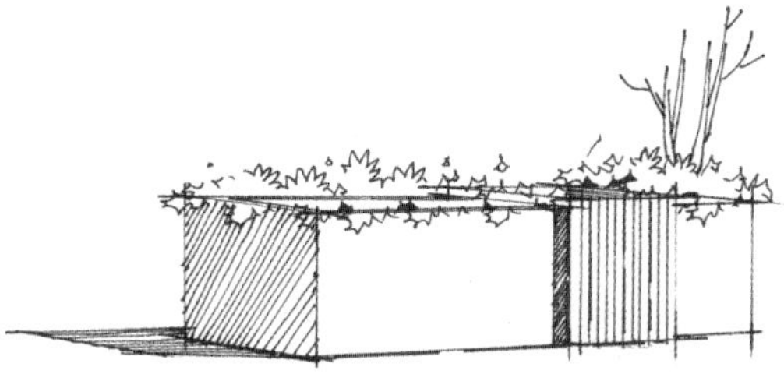

图 4-36　景观单体 13

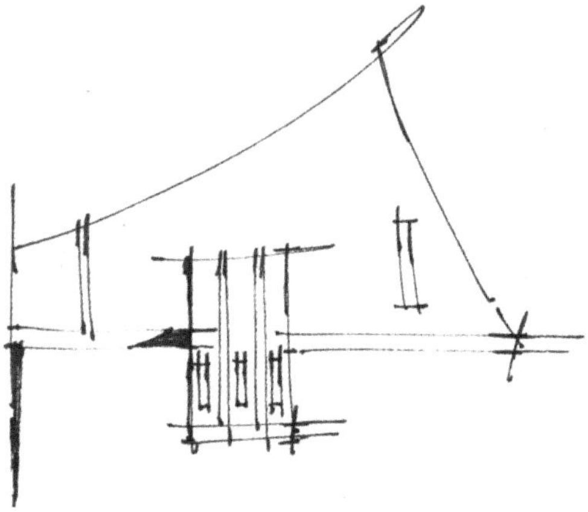

图 4-37　景观单体 14

4.4 建筑单体练习

建筑单体的训练能够帮助练习者快速掌握建筑结构、透视、质感的表现技法。设计师一般通过线条训练、建筑透视原理掌握、建筑光影处理等方面，进行建筑单体的训练。建筑线条的表达有多种方式，慢线、快线、抖线的应用，都是常用的线条技法。建筑的透视一般以两点透视的应用较为广泛，在建筑的绘制中，不管是一点透视、两点透视还是三点透视，都需要注意各自的透视原理。光影处理方面则需要注意光影的方向，以及排线的疏密关系。

如图 4-38 所示，绘制此建筑单体时，需要注意建筑的透视原理、结构关系、光影关系。

透视原理：此建筑的透视原理是两点透视，在绘制中需要遵循两点透视的透视原理，透视的准确性高低直接影响着建筑手绘的好坏。

结构关系：此建筑单体在绘制时需要注意上下关系的结构穿插以及前后关系的结构穿插，要保障建筑结构绘制的准确性。

光影关系：在建筑单体光影关系的表达上要注意光影的一致性，并且在绘制光影的时候注意排线的疏密关系，体现出光影的层次感。

其他建筑单体手绘表现效果如图 4-39~ 图 4-45 所示。

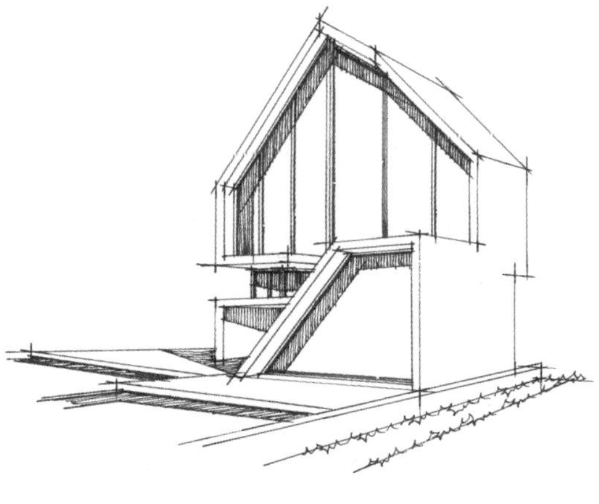

图 4-38 建筑单体 1

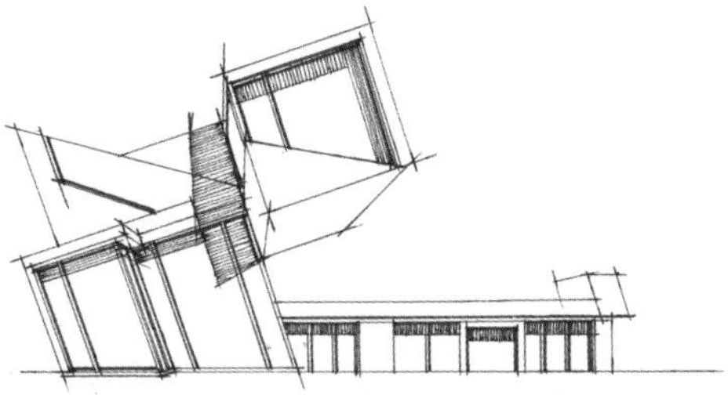

图 4-39 建筑单体 2

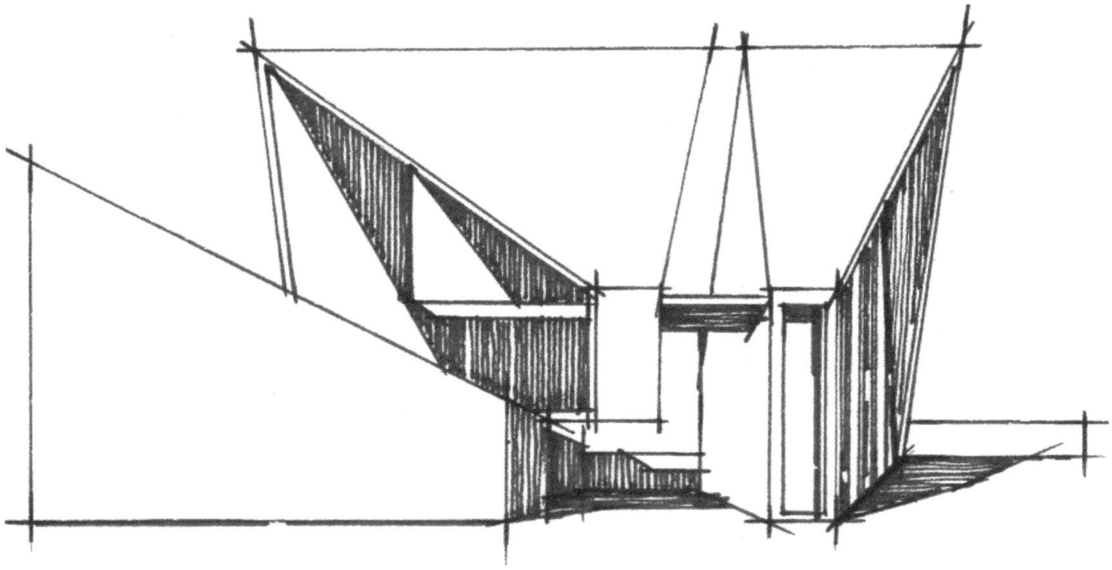

图 4-40　建筑单体 3

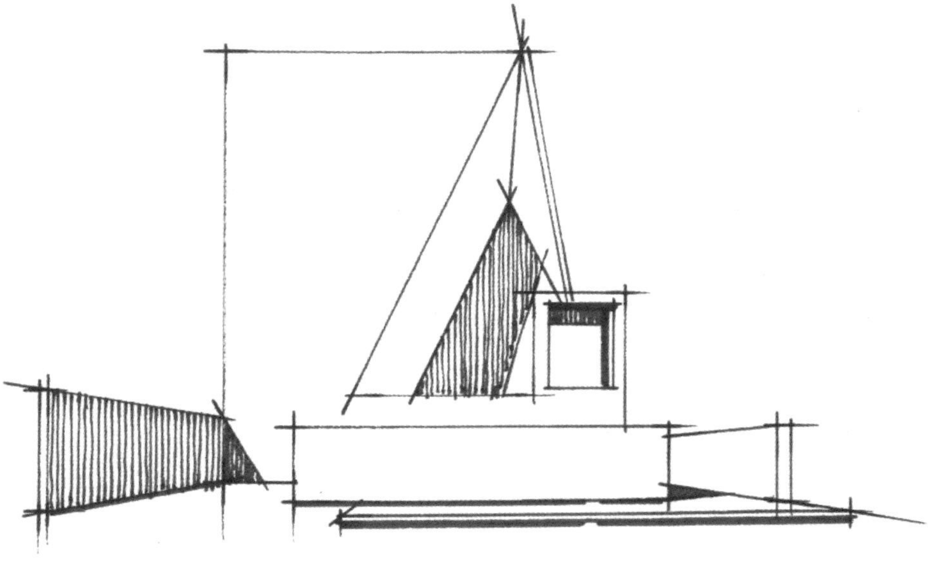

图 4-41　建筑单体 4

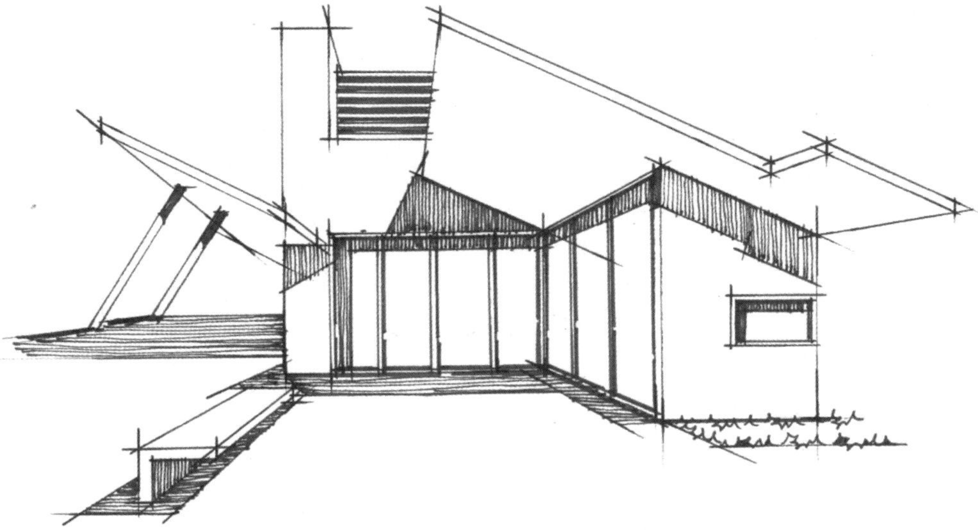

图 4-42　建筑单体 5

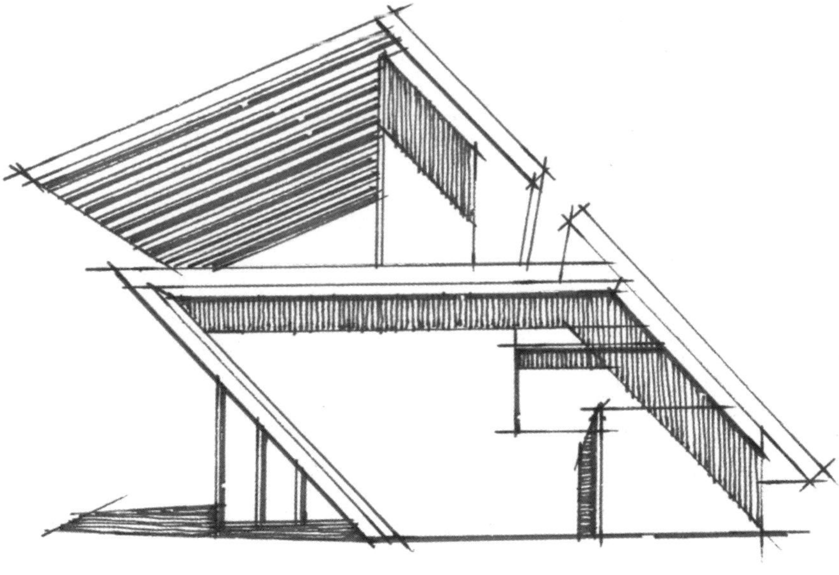

图 4-43　建筑单体 6

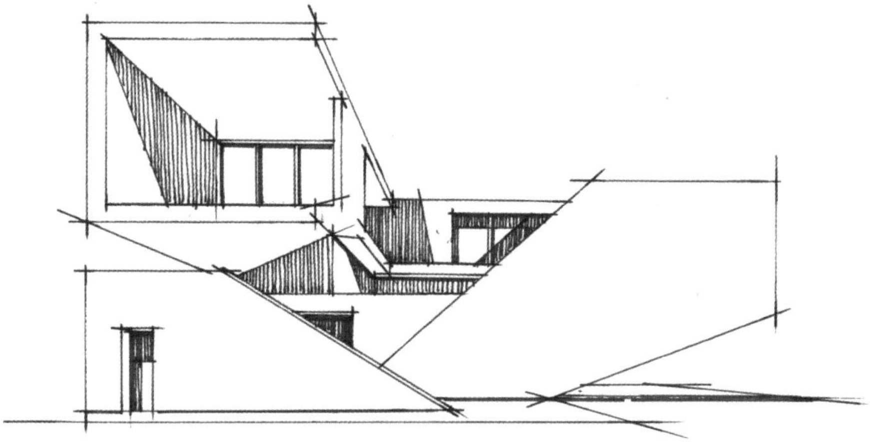

图 4-44　建筑单体 7

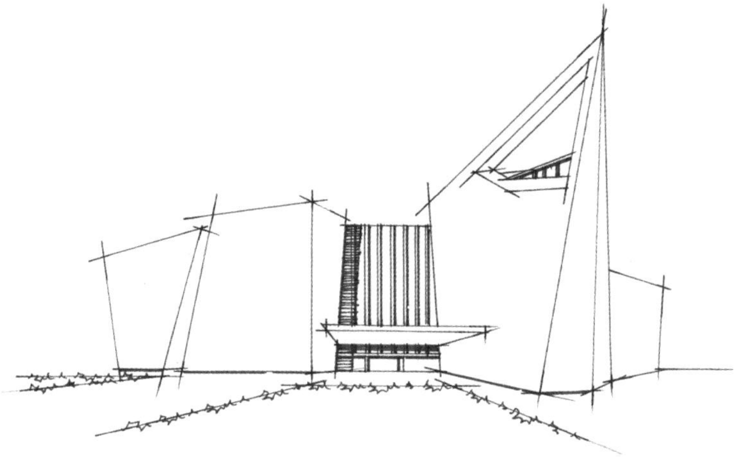

图 4-45　建筑单体 8

课后思考与练习

①选择三种不同的家具单体（如沙发、餐桌、椅子）进行手绘练习。

②选择一个创意景观单体小品（如雕塑、凉亭）进行手绘练习。

③选择两种风格不同的建筑单体（如现代建筑、传统民居）进行手绘练习。

5

植物练习

植物的分类

植物线条

乔木画法

灌木画法

草本植物画法

热带植物画法

盆景植物画法

不同视角植物画法

本章重点:

①观察大自然中植物的形态，并在绘画时主观处理植物的形态结构。

②掌握不同植物的线条练习方法。

③掌握乔木、灌木、草本植物等不同类型植物的画法。

④掌握不同类型植物组合的前后关系、疏密关系的表现。

学习目标:

①理解大自然的植物形态，掌握不同类型植物的知识与表现技法。

②提升观察自然的能力，提升团队协作能力。

5.1 植物的分类

手绘表现中常见的植物可分为乔木、灌木、草本植物、热带植物、盆景植物等。

乔木：乔木一般长得比较高大，具有直立的树干，通常超过 6 米，甚至高数十米。乔木的树冠一般比较大，生长得比较茂密，分枝比较多，生长在主枝的各个方向。

灌木：灌木一般长得比较矮小，呈现丛生的状态，没有明显的主干，生长为多个树枝。

草本植物：草本植物多为水生草本植物、林地草本植物等。

热带植物：热带地区以其独特的气候条件，孕育了丰富多样的植物群落。在这样的环境中，热带植物得以茁壮成长，种类繁多，其中不乏我们熟知的棕榈树、竹子、仙人掌等。这些植物共同构成了热带地区独特而美丽的生态景观。

盆景植物：盆景植物通常体积较小，可在有效的空间内布置，为环境增添自然之美，起到装饰作用。

5.2 植物线条

常见的植物线条画法有“几”字形、“W”形、“弧线”形等（图 5-1~ 图 5-3）。植物线条练习的注意事项如下。

第一：需要注意折线的凹凸转折变化。

第二：需要注意折线朝着不同的方向。

第三：需要注意折线线条的流畅性。

练习画植物线条时，需要注意折线朝着不同的方向扩散，不能顺着一个方向，并且要注意线条的凹凸变化。

进行植物线条的方向练习时，可以先绘制一条弧线，将折线沿着弧线绘制，注意让折线的方向发生变化（图 5-4）。

植物折线练习效果如图 5-5~ 图 5-8 所示。

图 5-1 “几”字形折线

图 5-2 “W”形折线

图 5-3 “弧线”形折线

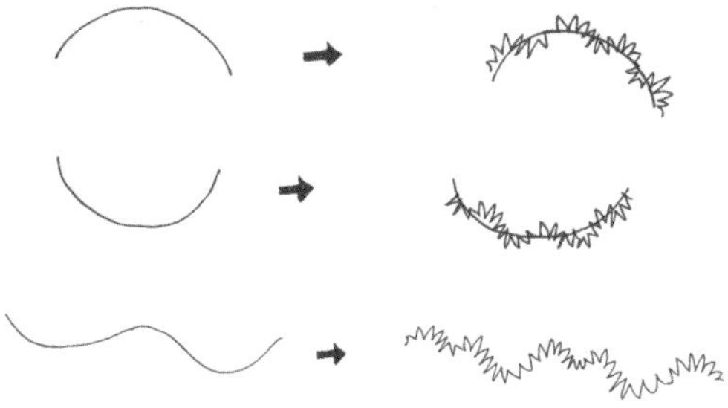

图 5-4 折线方向练习

图 5-5 植物折线练习 1

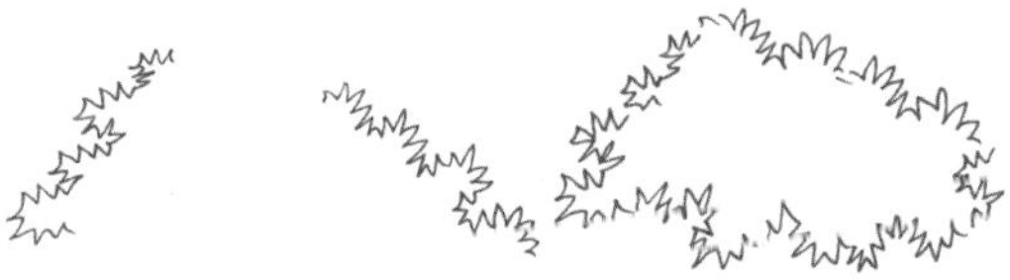

图 5-6 植物折线练习 2

图 5-7 植物折线练习 3

图 5-8 植物折线练习 4

5.3 乔木画法

5.3.1 乔木树干画法

乔木树干画法如下。

①绘制树干时，注意上细下粗。

②绘制树枝时，注意树枝应该朝各个方向生长，分枝不能在同一个平面上，要高低错落，不能形成一条垂直线。

③在绘制中需要注意树枝的前后关系以及叠加关系。

如图 5-9 所示，以单线进行绘制，理解植物的基本形体，在了解基本形体的基础上画出树干的厚度，在树干厚度的绘制中需要注意上细下粗的基本原则，并注意树枝之间的穿插要错落有致。可以通过适当排线的方法增加树干的质感表现，并在局部位置适当加重笔触。

常见的乔木树干手绘表现效果如图 5-10~图 5-17 所示。

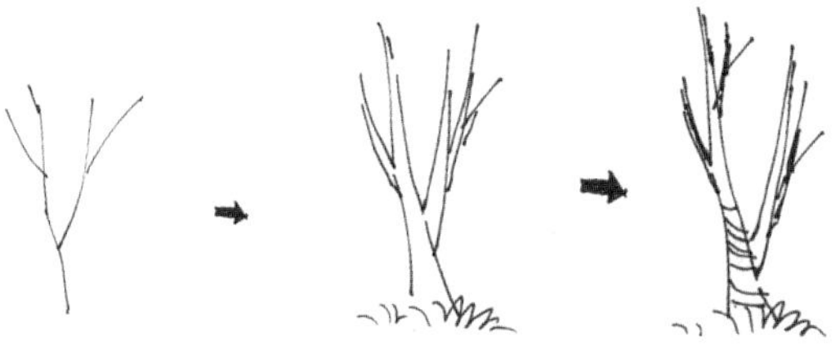

图 5-9　树干画法

图 5-10　树干 1

图 5-11　树干 2

图 5-12　树干 3

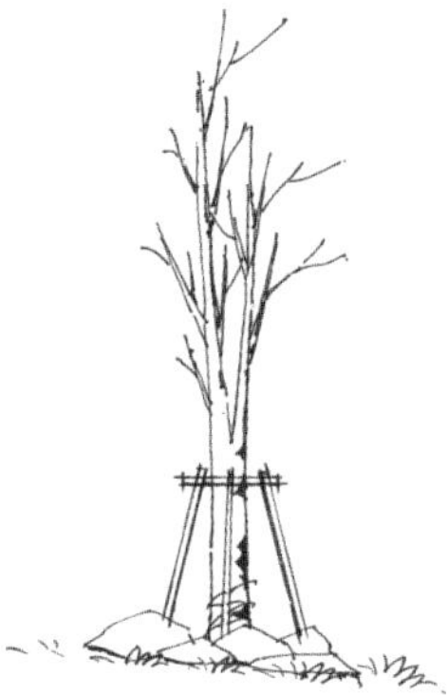

图 5-13　树干 4

图 5-14　树干 5

图 5-15　树干 6

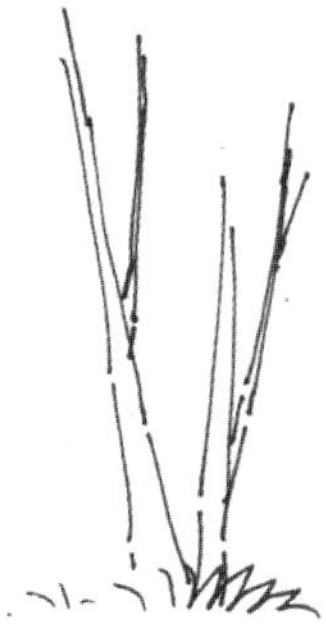

图 5-16　树干 7

图 5-17　树干 8

5.3.2 乔木树形画法

常见的乔木树形有圆形、椭圆形、三角形、梯形等。树形是影响植物美观度的评判要素，植物的形状甚至比植物的线条更为重要。在绘制中需要对植物的形状进行概括，不能见到什么画什么，需要经过取舍处理。

如图 5-18 所示，左侧是对树形的概括，是一个近乎圆形的树冠形状，在画的过程中需要将植物的折线沿着一个圆形的趋势进行绘制。需要注意的是，所谓的圆形是一个趋势性的圆形，而不是真的画一个圆形的树冠，要有凹凸转折的变化。右侧是对树冠以及树干的绘制。由此总结出，练习者虽然是参考左侧的基本形状进行绘制的，但是在树冠的凹凸转折上进行了变化体现。

如图 5-19 所示，左侧是由两个椭圆概括的树冠的基本形状，在画的过程中需要注意两层树冠之间的搭建关系，树冠的形状和折线不能乱。

如图 5-20 所示，左侧是由多个椭圆概括的多层树冠，在绘制中需要注意每一层树冠之间的搭接关系和大小关系，尽量不要将每一层树冠绘制成大小一致的。画完树冠之后，注意树干与树冠之间的大小关系以及穿插关系，对树干进行准确刻画。

常见的乔木手绘表现效果如图5-21~图5-28所示。

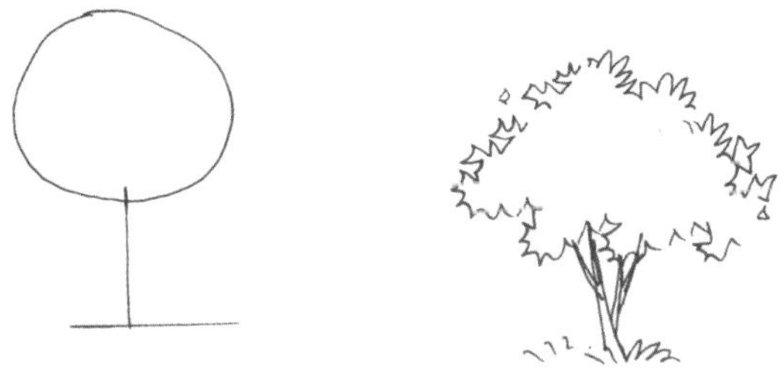

图 5-18　树形画法

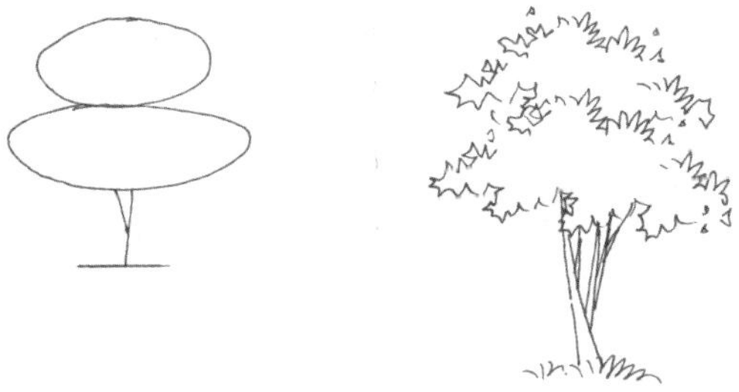

图 5-19　双层树冠画法

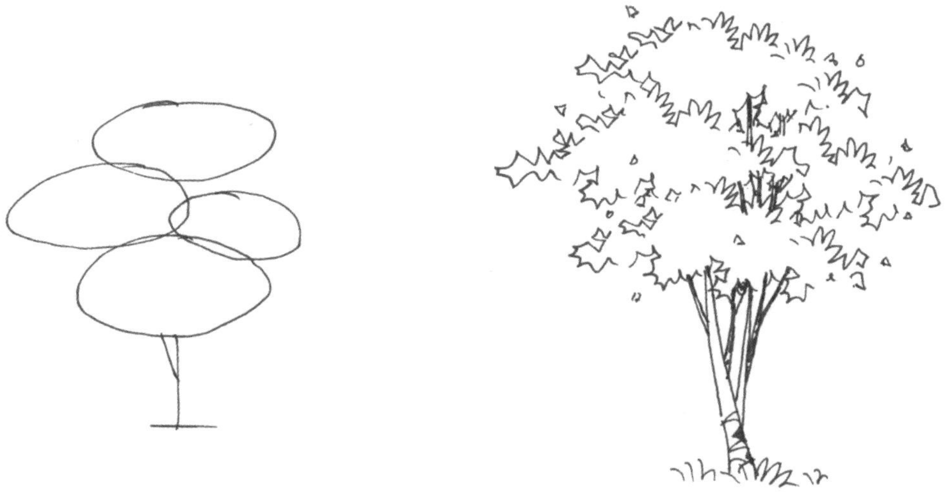

图 5-20　多层树冠画法

图 5-21 乔木 1

图 5-22 乔木 2

图 5-23 乔木 3

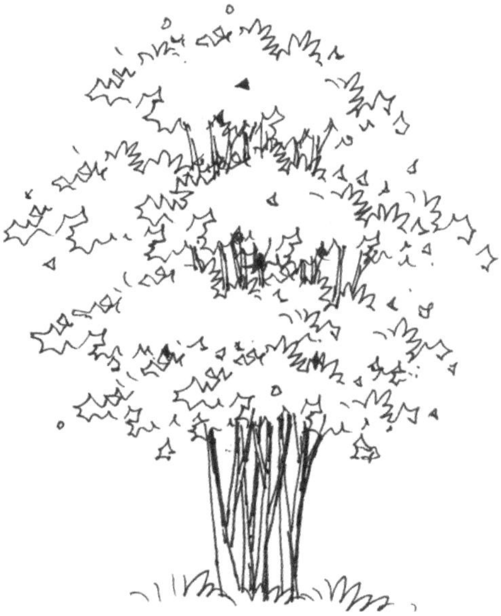

图 5-24 乔木 4

图 5-25　乔木 5

图 5-26　乔木 6

图 5-27　乔木 7

图 5-28　乔木 8

5.4 灌木画法

灌木是一种低矮的植物，并且多组团出现，需要进行适当的概括。绘制灌木能够增加画面的层次感和空间感。灌木一般没有像乔木一样的树干，所以只需要将灌木的形体通过植物的折线进行概括性的绘制，不需要刻画得太深入。

灌木绘制的注意事项如下。

第一：植物折线的凹凸转折不能太过强烈。

第二：灌木内部的折线层次不宜过多，以概括为主。

第三：暗部投影的排线要整齐，注重统一。

第四：灌木植物与地面接触的位置要注意弧度，收边不能尖锐。

如图 5-29 所示，此灌木的绘制方法是将灌木的形体用植物折线进行概括性的表达，在绘制植物折线的时候，在凹凸转折上需要进行控制，力度不宜过强，应减少对灌木形体的破坏。

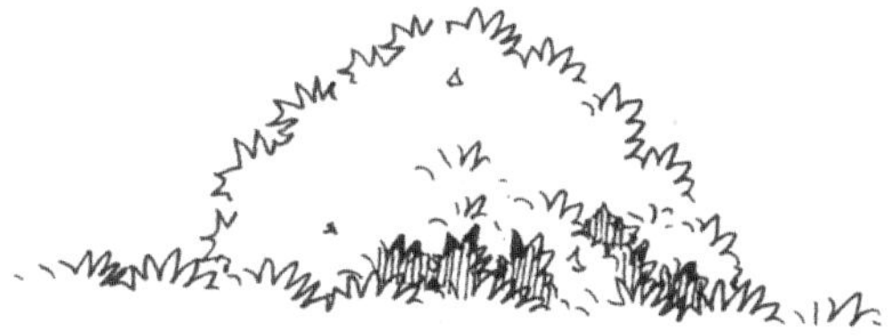

图 5-29　灌木画法

如图 5-30 所示，在绘制多丛灌木的时候，需要注意灌木之间的前后搭接关系，灌木内部的植物折线不能过多。在绘制暗部投影的时候，排线可以垂直方向进行，也可以斜线方向进行。

如图 5-31、图 5-32 所示，此类灌木的绘制方法是用折线将灌木的形先绘制出来，然后在根部位置通过线条的变化体现出来。

常见的围栏灌木植物手绘表现效果如图 5-33~ 图 5-35 所示。

图 5-30　多丛灌木画法

图 5-31　灌木植物 1

图 5-32　灌木植物 2

图 5-33　围栏灌木植物 1

图 5-34　围栏灌木植物 2

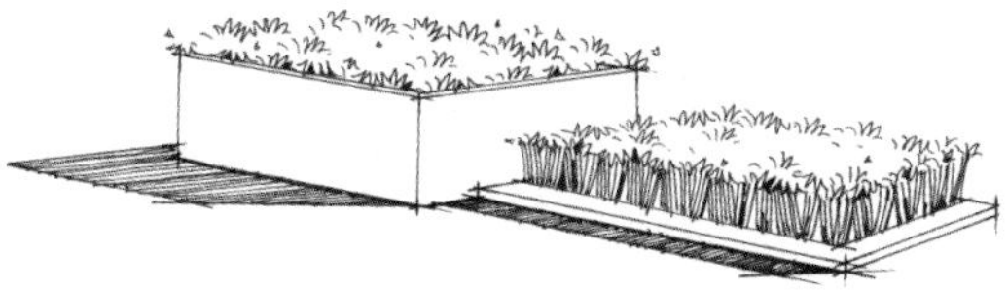

图 5-35　围栏灌木植物 3

5.5　草本植物画法

草本植物的线条主要分为“W”形和“几”字形（图 5-36）。

“W”形：植物线条的折线绘制要朝着不同的方向。在绘制中注意草地植物的线条要断开，不要将其连续绘制，不然会显得比较僵硬，缺乏一定的灵活性（图 5-37～图 5-39）。

“几”字形：植物线条的绘制需要注意折线的转折，要产生不同的凹凸变化。在绘制中，需要将折线断开，防止灵活性的缺失（图 5-40～图 5-42）。

草地配景手绘表现效果如图 5-43 所示。

绘制鸢尾、扁竹叶等草本植物的叶片时，需注意叶片之间的形状以及穿插关系。此类植物的叶片多为扁平状，画的过程中需要表现这一特点（图 5-44）。

常见的草本植物手绘表现效果如图 5-45～图 5-50 所示。

图 5-36　草的折线

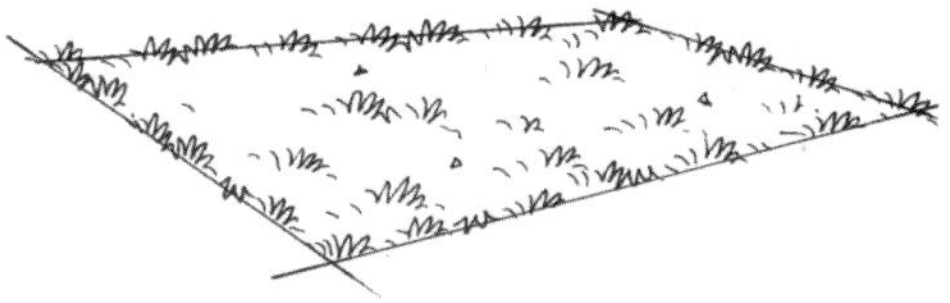

图 5-37　“W”形草的画法 1

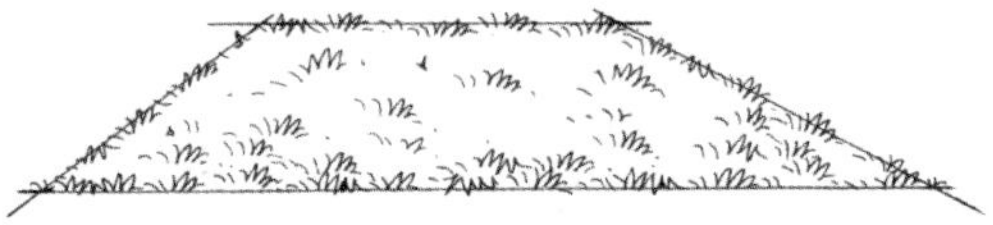

图 5-38　“W”形草的画法 2

图 5-39　“W”形草的画法 3

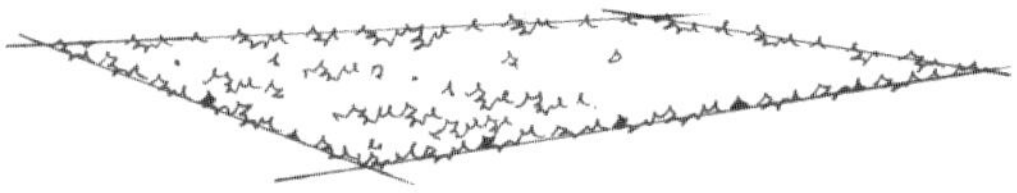

图 5-40　“几”字形草的画法 1

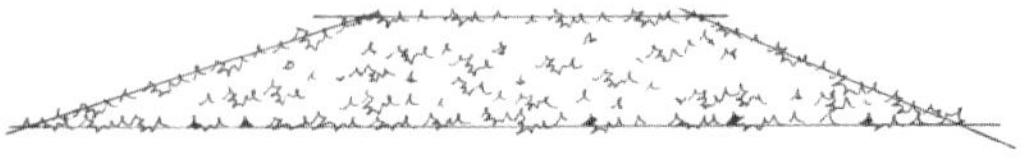

图 5-41　“几”字形草的画法 2

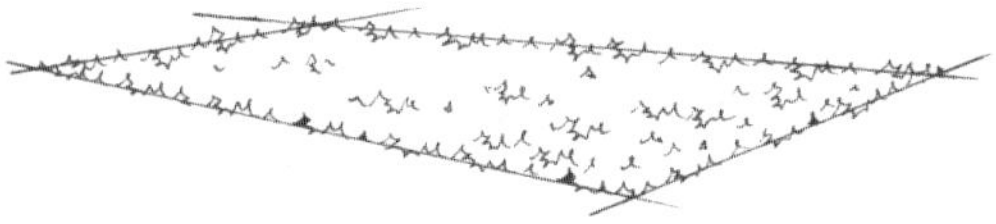

图 5-42　“几”字形草的画法 3

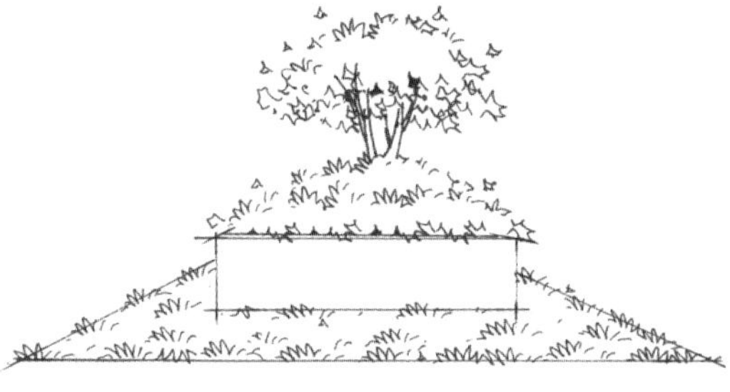

图 5-43　草地配景画法

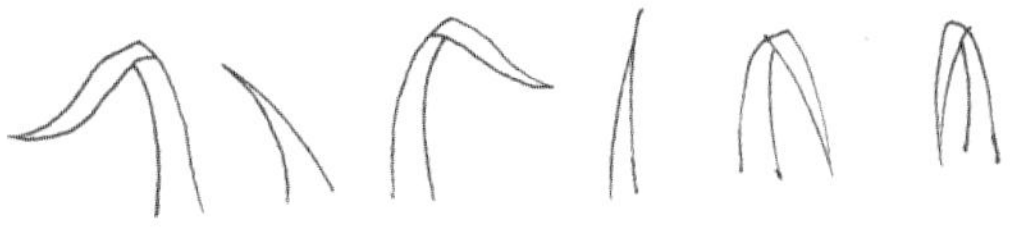

图 5-44　鸢尾、扁竹叶叶片画法

图 5-45　草本植物 1

图 5-46　草本植物 2

图 5-47　草本植物 3

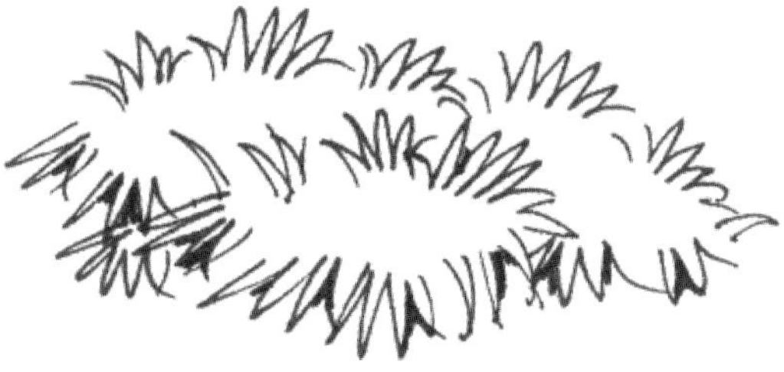

图 5-48　草本植物 4

图 5-49 草本植物 5

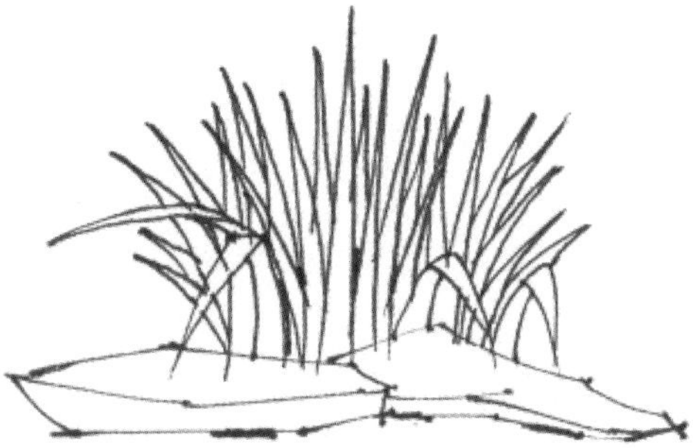

图 5-50 草本植物 6

5.6 热带植物画法

热带植物的叶片呈锯齿状，出现更多针状的枝叶，绘制时方向尽量控制一致，叶片的角度不断发生变化，依次变小，并注意转折关系。

如图 5-51 所示，绘制热带植物叶片时注意不同方向折线的控制，要不断练习不同朝向的热带植物叶片的绘制方法，分别注意上下左右生长的叶片。

如图 5-52 所示，在绘制向上生长的热带植物叶片时，需要注意叶片由水平方向到垂直方向的变化。在绘制正方向生长的热带植物叶片时，因为能够看到两侧的叶片，所以应注意叶片生长的趋势和变化。在绘制向下生长的热带植物叶片时，需要注意叶片的生长趋势。

热带植物叶片是朝着不同方向生长的。如图 5-53 所示，左侧是演示叶片生长趋势的线条，右侧是用折线绘制的热带植物叶片。使用折线对每个方向的叶片进行绘制时，需要注意叶片的折叠关系、前后关系。

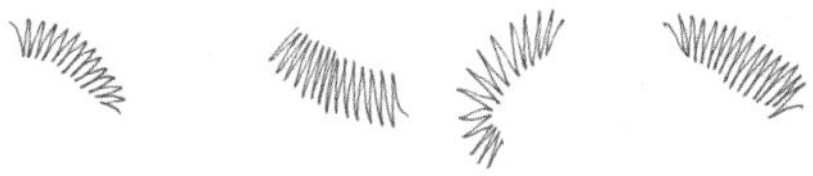

图 5-51 热带植物叶片

常见的热带植物手绘表现效果如图 5-54~图 5-65 所示。

图 5-52 不同方向的热带植物叶片

图 5-53 热带植物叶片画法

图 5-54　热带植物叶片 1

图 5-55　热带植物叶片 2

图 5-56　热带植物 1

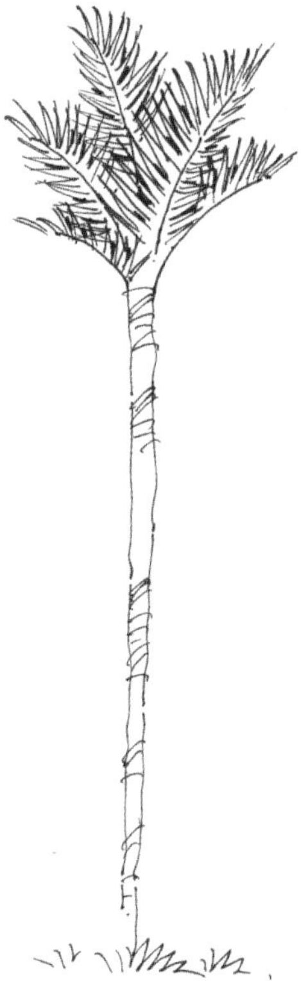
图 5-57　热带植物 2

图 5-58　热带植物 3

图 5-59　热带植物 4

图 5-60　热带植物 5

图 5-61　热带植物 6

图 5-62　热带植物 7

图 5-63　热带植物 8

图 5-64　热带植物 9

图 5-65　热带植物 10

5.7 盆景植物画法

盆景植物在室内空间中作为装饰品摆放，能够起到点缀的作用。种类不同的盆景植物能够营造不同的氛围。

室内空间的盆景植物相比室外空间的植物要小，所以在画的过程中需要注意细节结构的刻画，虽然小但是要画得精致。

盆景植物绘制的注意事项如下。

第一：细致观察盆景植物的形态、种类、叶片的生长。

第二：注意盆景植物的前后关系以及疏密关系。

第三：用线条表现盆景植物的结构和生长形态，需要保障线条的准确性以及流畅性。

第四：准确表达盆景植物的光影关系。

如图 5-66、图 5-67 所示，在这两种盆景植物的绘制过程中需要注意叶片表达的准确性，以及植物的生长状态，并注意局部加重。

常见的盆景植物手绘表现效果如图 5-68~图 5-71 所示。

图 5-66　不同盆景植物画法 1

图 5-67　不同盆景植物画法 2

图 5-68　盆景植物 1

图 5-69　盆景植物 2

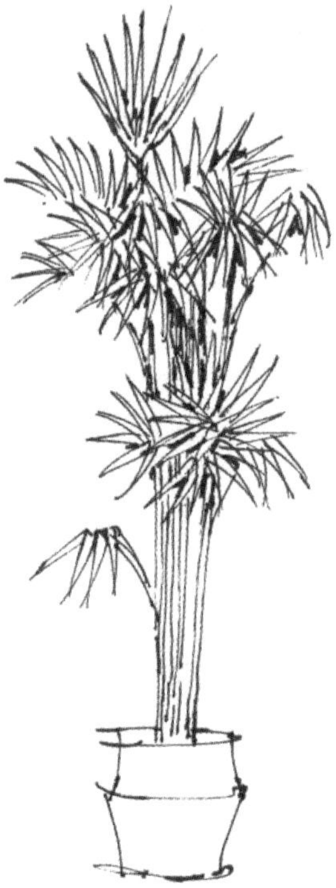

图 5-70　盆景植物 3

图 5-71　盆景植物 4

5.8 不同视角植物画法

5.8.1 远景植物画法

远景植物在效果图表现中具有重要的意义，它能够增强画面的空间感以及丰富画面的元素（图 5-72）。

远景植物绘制的注意事项如下。

第一：需要详细绘制，注意概括性的表达。

第二：需要注意透视与比例关系，适当缩小远景比例。

第三：注意与整幅画相协调。

常见的远景植物手绘表现效果如图 5-73~图 5-75 所示。

图 5-72 远景植物单体表现

图 5-73 远景植物 1

图 5-74　远景植物 2

图 5-75　远景植物 3

5.8.2 前景树画法

前景树是位于画面前方的一种表现元素，一般用于突出画面的中景和背景。

前景树绘制的注意事项如下。

第一：需要注意线条的流畅和变化。

第二：注意细节的刻画，注意关键部位比如树干、树枝以及树叶的处理。

第三：注意投影的处理，比如树干投影的加重、树叶层次之间的投影关系。

常见的前景树手绘表现效果如图 5-76~ 图 5-79 所示。

图 5-76 前景树 1

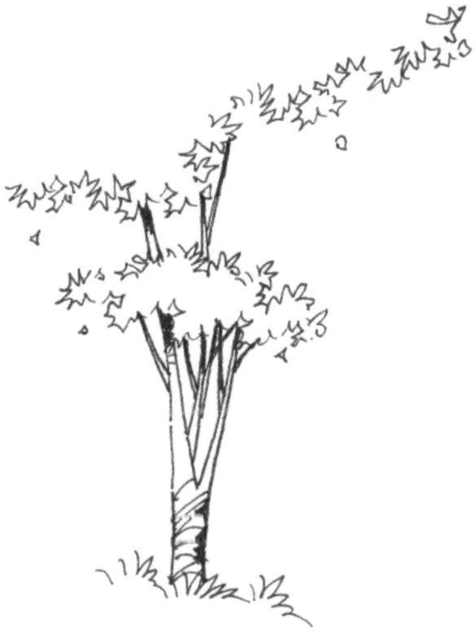

图 5-77 前景树 2

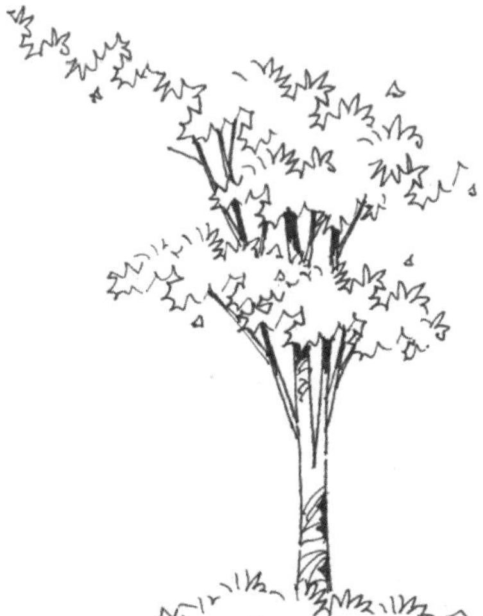

图 5-78 前景树 3

图 5-79 前景树 4

5.8.3 鸟瞰植物画法

鸟瞰植物的表现需要注意植物的透视关系，在透视关系上跟平视的植物会有一定的区别。

鸟瞰植物绘制的注意事项如下。

第一：注意鸟瞰植物的透视，遵循近大远小、近实远虚的原则。

第二：鸟瞰植物在视角上比较特殊，需要进行形态概括。

第三：需要注意鸟瞰植物的投影形态。

常见的鸟瞰植物手绘表现效果如图 5-80~图 5-86 所示。

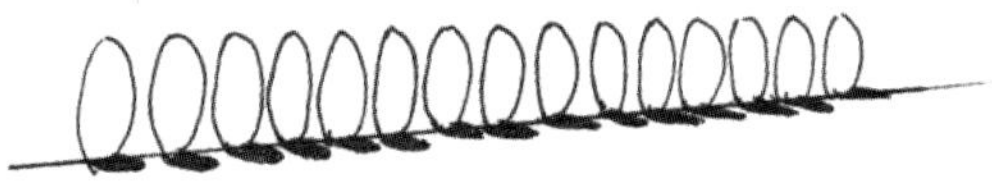

图 5-80 单株鸟瞰植物

图 5-81 树丛鸟瞰植物 1

图 5-82 树丛鸟瞰植物 2

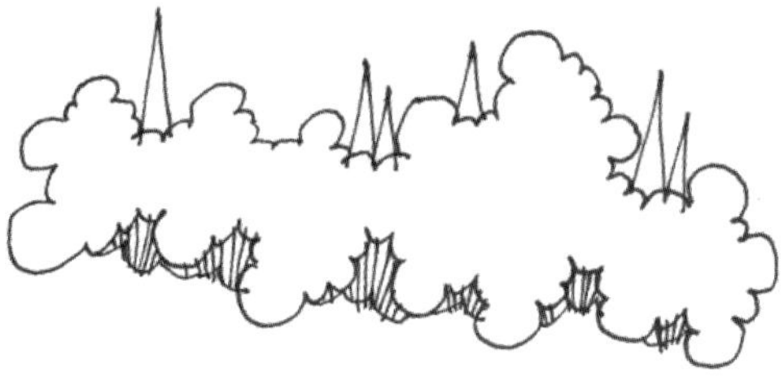

图 5-83 树丛鸟瞰植物 3

图 5-84 乔木鸟瞰植物 1

图 5-85 乔木鸟瞰植物 2

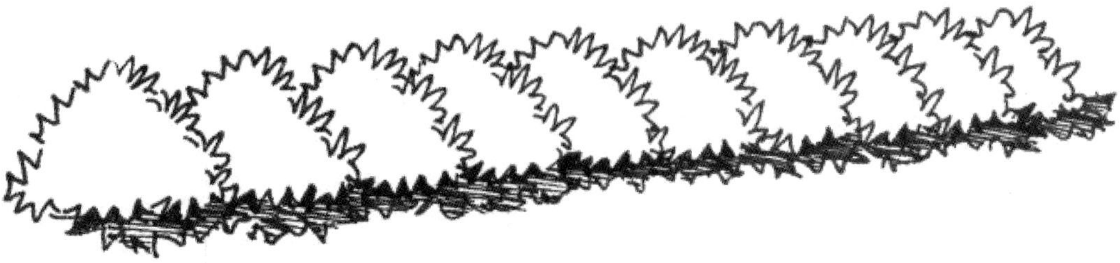

图 5-86 乔木鸟瞰植物 3

5.8.4 平面植物

平面植物的种类和形式多样，在一个平面图里，如果植物的种类较多，包括乔木、灌木等，那么就不能用同一种样式进行表现，所以需要掌握多种平面植物的绘制样式（图5-87、图5-88）。

常见的平面植物手绘表现效果如图 5-89~图 5-97 所示。

图 5-87　平面植物种类样式

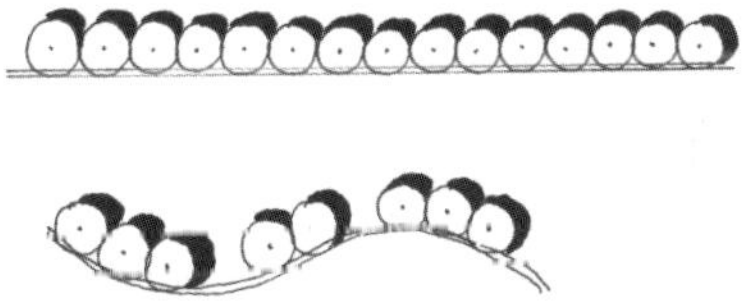

图 5-88　平面植物样式

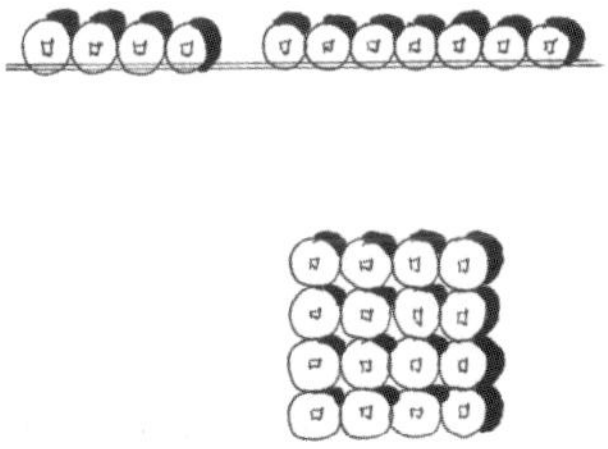

图 5-89　树池

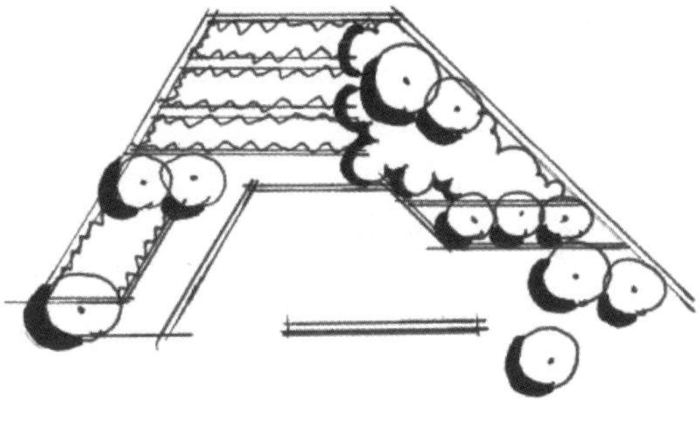

图 5-90　平面植物 1

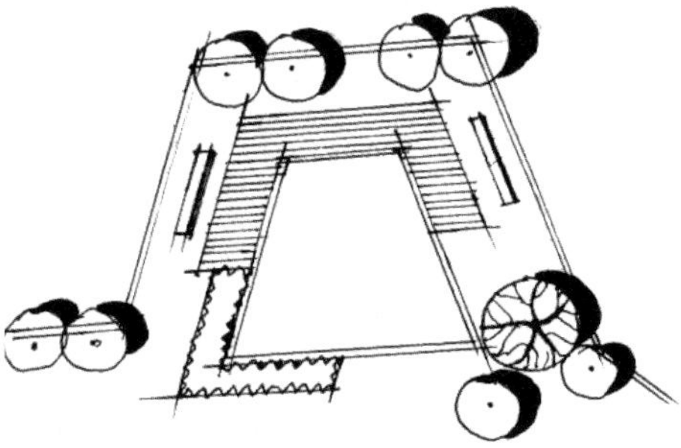

图 5-91　平面植物 2

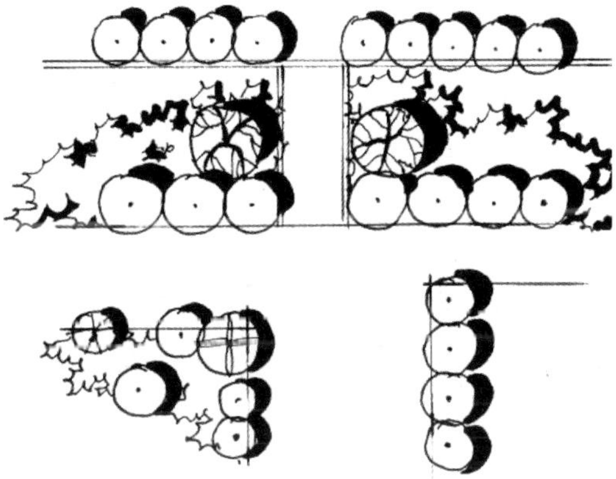

图 5-92　平面植物 3

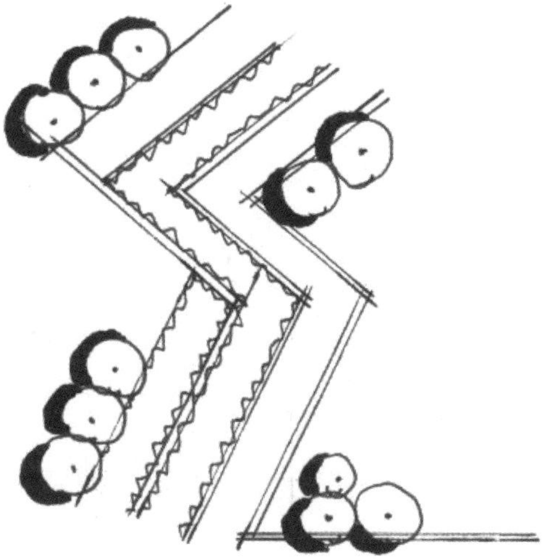

图 5-93　平面植物 4

图 5-94　平面植物 5

图 5-95　树丛平面植物 6

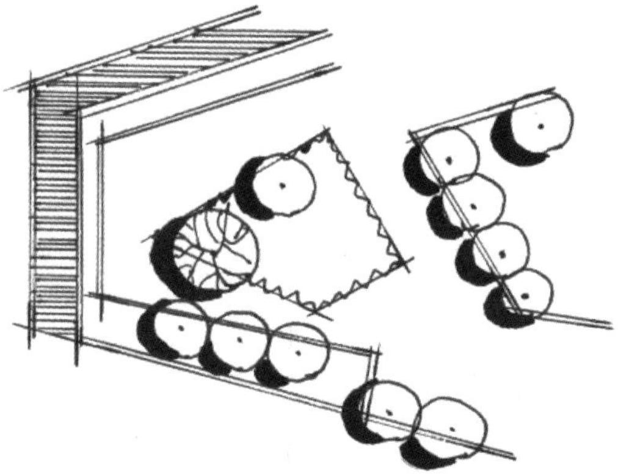

图 5-96　平面植物 7

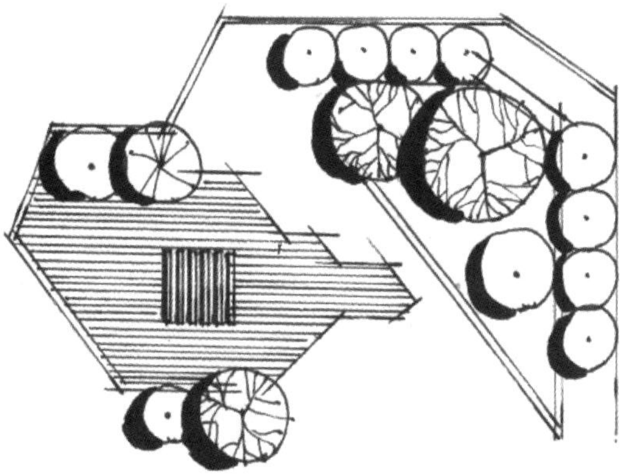

图 5-97　平面植物 8

课后思考与练习

①观察几种不同的植物，并对植物进行手绘训练。

②将不同植物进行搭配，并转化成平面植物进行手绘练习。

③手绘完成一幅盆景植物画，注意表现盆景的层次感和细节。

6

不同材质表现

水景画法

石头画法

其他材质的画法

本章重点：

①仔细观察水的特点，掌握水景的表现技法，并准确表达水的质感。

②分析石头的特点，掌握石头的表现技法，准确表达石头的转折与投影关系。

③分析木材、石头、皮革等不同材质的特点，通过线条表现不同材质的质感。

学习目标：

①学会观察大自然中的水、石头、木材等不同材质的特点，掌握不同材质的表现方法。

②养成严谨的学习态度，通过学习不断发掘自身的潜力和能力。

6.1 水景画法

水分为静态水和动态水，即静水和流水。常见的动态水景手绘表现是对流动的水或者瀑布、喷泉的表达，常见的静态水景手绘表现则是对人工水景的表达。

绘制时需要注意水的肌理表达、水的明暗关系表达。

如图 6-1~ 图 6-3 所示，静水的手绘要表现出水的质感，一般是通过曲线进行表达；为了增加水的质感，要体现出水的倒影，在倒影表现上可以通过垂直线进行表现。

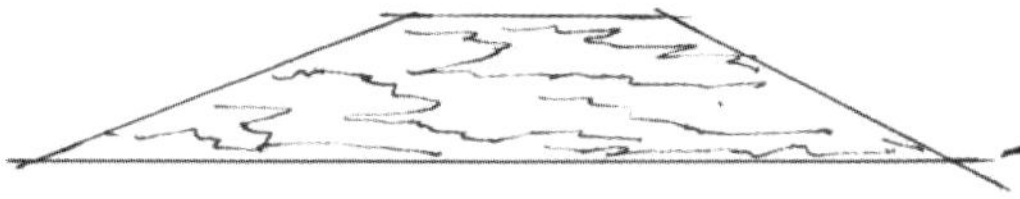

图 6-1　静水表现 1

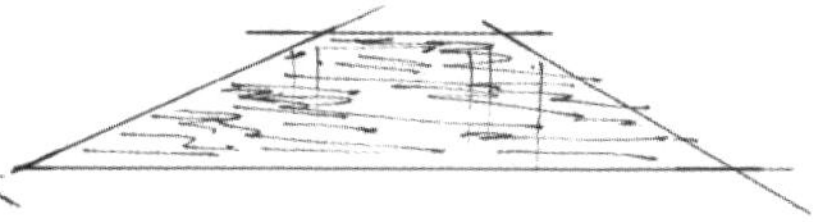

图 6-2　静水表现 2

图 6-3　静水表现 3

如图 6-4 ~图 6-6 所示，流水的手绘要注意将水的动感表现出来，可以通过线条进行表达，上边的线紧凑，下边的线宽松，表现出水的节奏感。

如图 6-7、图 6-8 所示，喷泉可以采用小抖线进行表达，在画小抖线的时候需要注意喷泉的形状。

常见的水景手绘表现效果如图 6-9~ 图 6-17 所示。

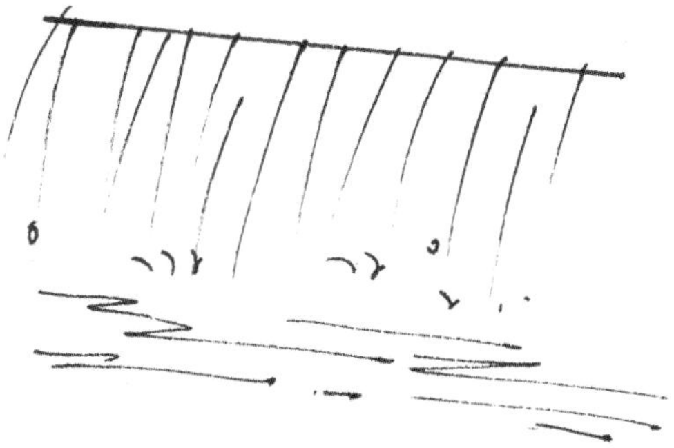

图 6-4　流水表现 1

图 6-5　流水表现 2

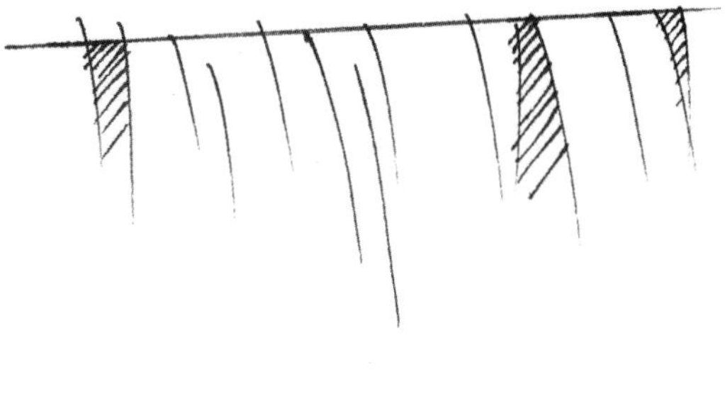

图 6-6　流水表现 3

图 6-7　喷泉表现 1

图 6-8　喷泉表现 2

图 6-9　水景表现 1

图 6-10　水景表现 2

图 6-11　水景表现 3

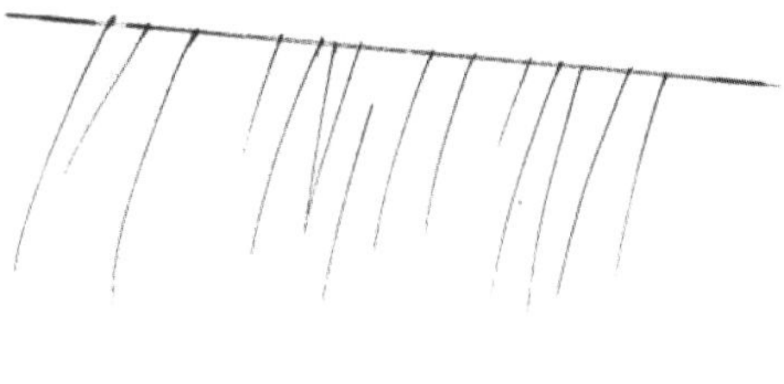

图 6-12　水景表现 4

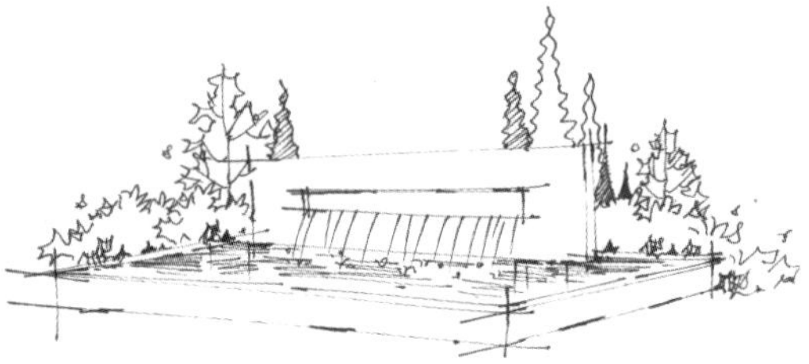

图 6-13　水景表现 5

图 6-14　水景表现 6

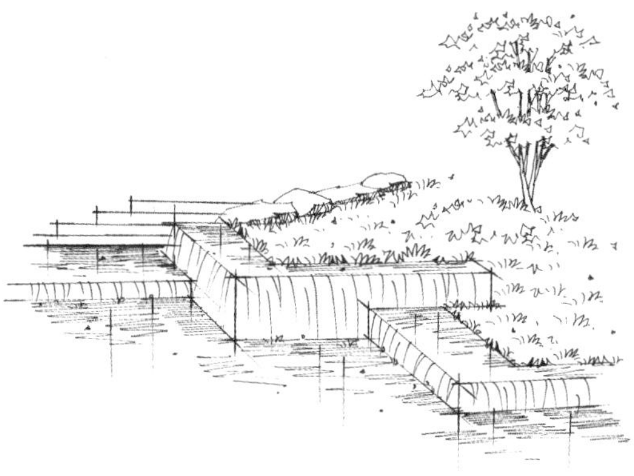

图 6-15　水景表现 7

图 6-16　水景表现 8

图 6-17　水景表现 9

6.2 石头画法

环境效果图表现中常画的石头类型为山石或者河里的石头，山石一般棱角分明，河石一般比较圆润。

石头绘制的注意事项如下。

第一：注意石头的形态。

第二：注意线条的力量感。

第三：注意石头面的转折关系。

第四：注意石头面与面之间的关系。

如图 6-18、图 6-19 所示，石头的造型可以由方体演变而来，将方体进行切割，在石头的暗部注意排线，并且注意暗部形体的变化，绘制投影时需要注意排线的层次感。图 6-20 是对方体进行多次切割形成的不规则的形体，并对暗部进行了排线，绘制时需要注意投影的层次感。

如图 6-21~ 图 6-23 所示，此类石头是圆弧形的石头，在线条的表现上不能太硬，应注意用弧线表达，在暗部和投影表现上注意暗部的形体转折。

常见的石头手绘表现效果如图 6-24~ 图 6-36 所示。

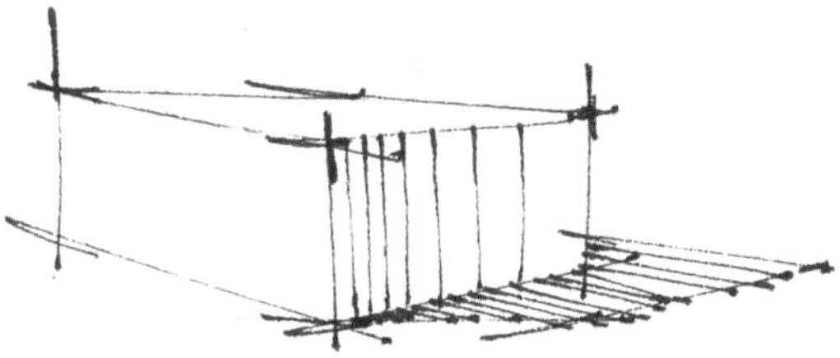

图 6-18　方体表现

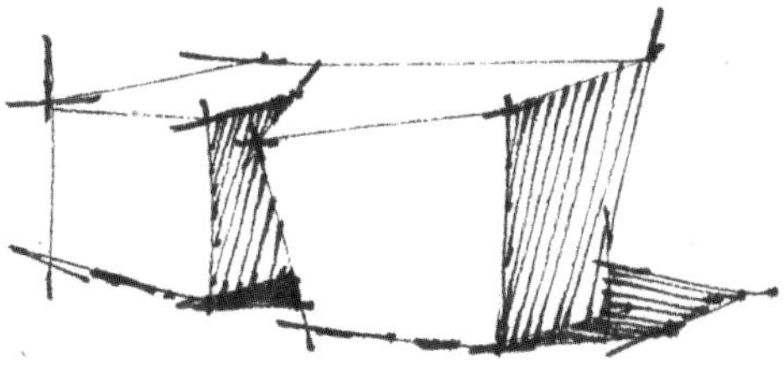

图 6-19　方体石头表现 1

图 6-20　方体石头表现 2

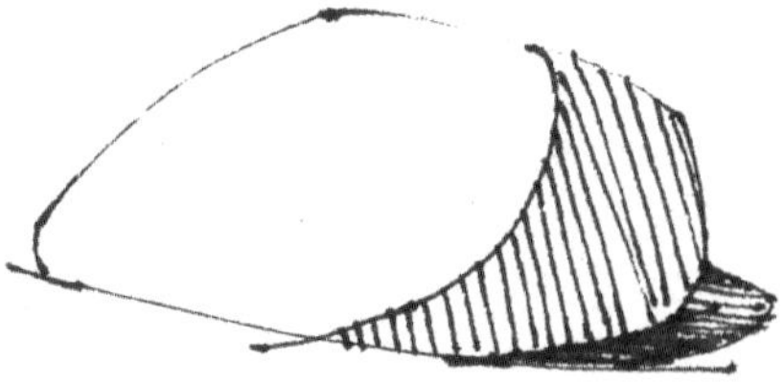

图 6-21　圆弧形石头表现 1

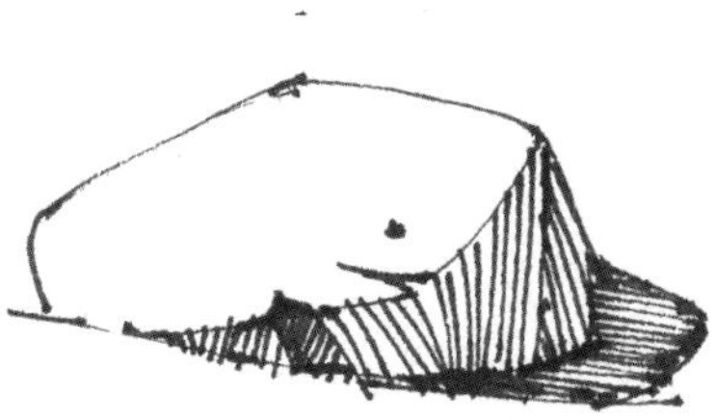

图 6-22　圆弧形石头表现 2

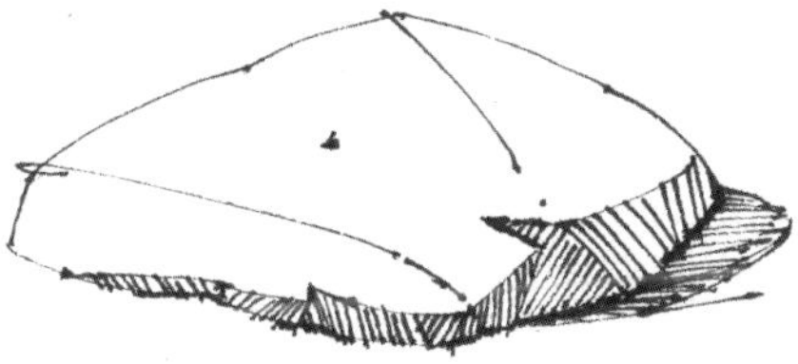

图 6-23　圆弧形石头表现 3

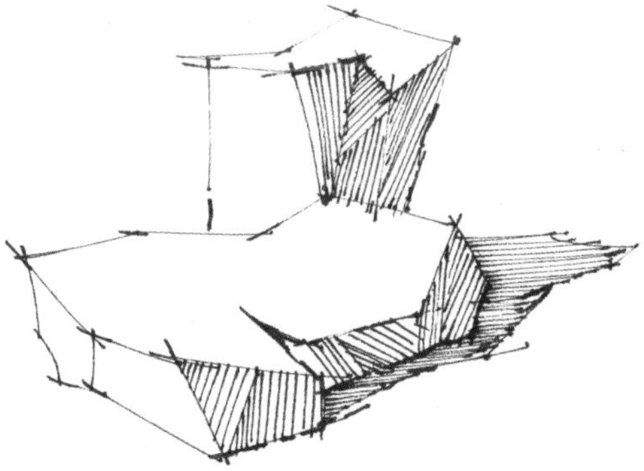

图 6-24　石头表现 1

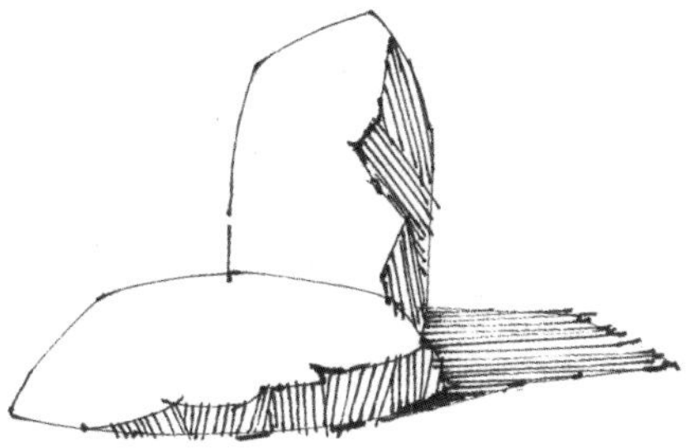

图 6-25　石头表现 2

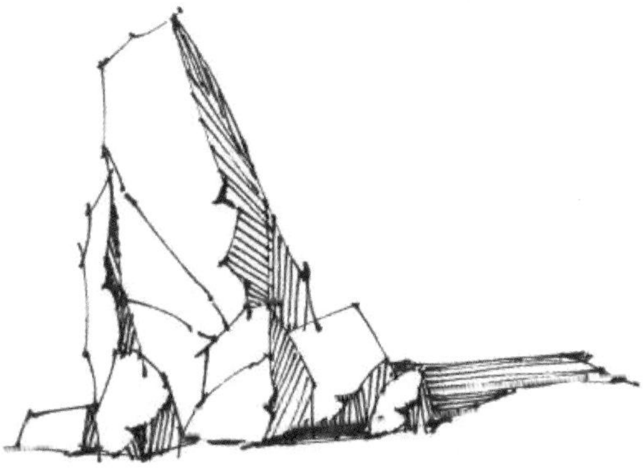

图 6-26　石头表现 3

图 6-27　石头表现 4

图 6-28　石头表现 5

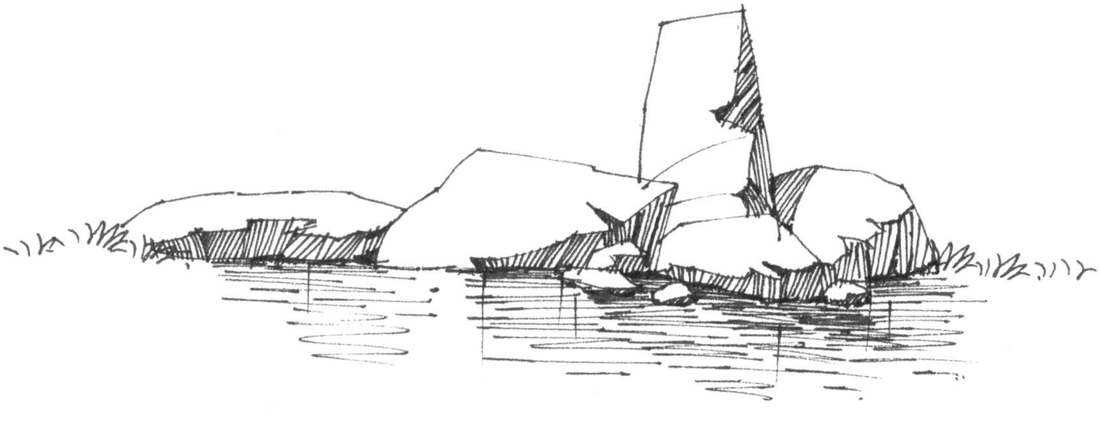

图 6-29　石头表现 6

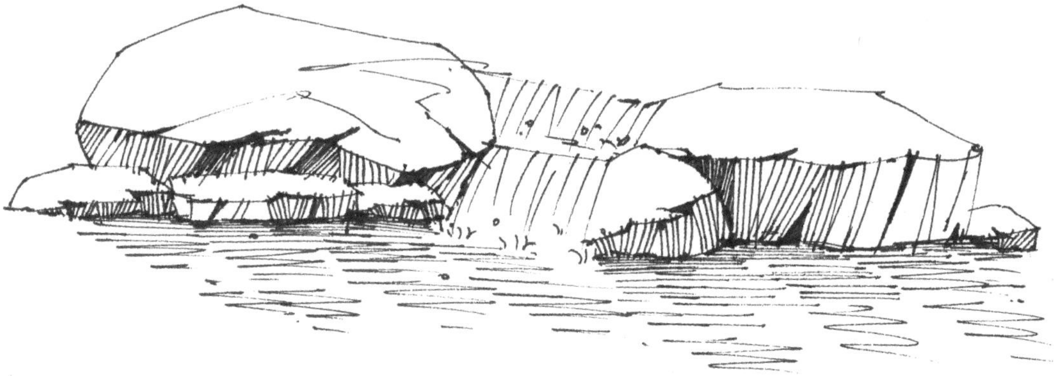

图 6-30　石头表现 7

图 6-31　石头表现 8

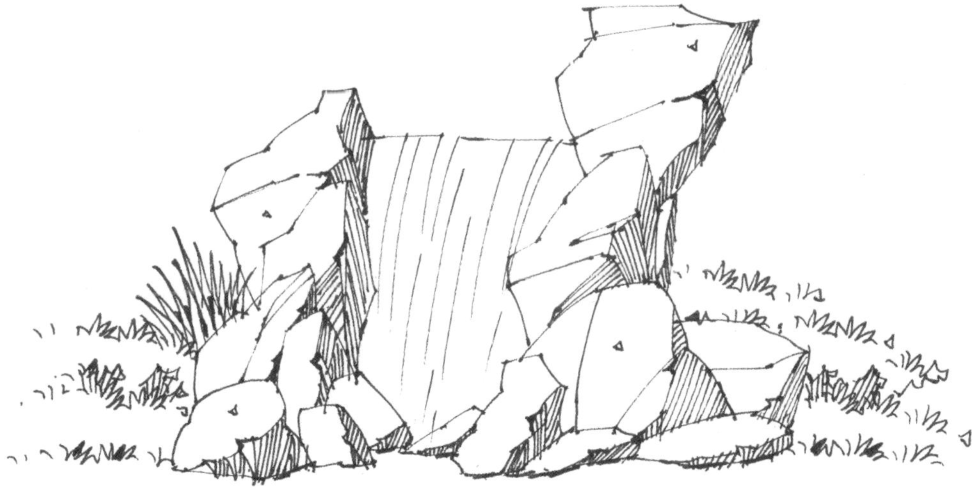

图 6-32　石头表现 9

图 6-33　石头表现 10

图 6-34　石头表现 11

图 6-35　石头表现 12

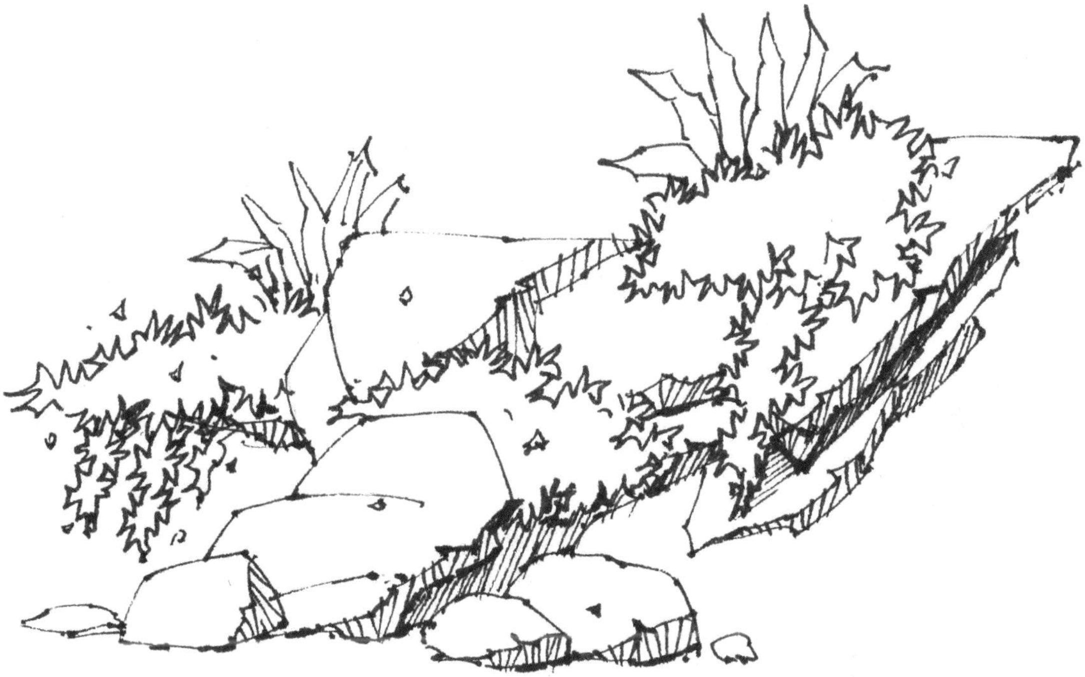

图 6-36　石头表现 13

6.3　其他材质的画法

表现不同材质时要根据材质本身的特点进行绘制（图 6-37~ 图 6-48）。比如木材材质通过线条来模仿木材纹理；瓷砖材质可以通过折线的方式进行表达，但是要注意瓷砖纹理的疏密关系和节奏变化；表现文化石材质时，可模仿砖石的纹理，局部位置可以加重。

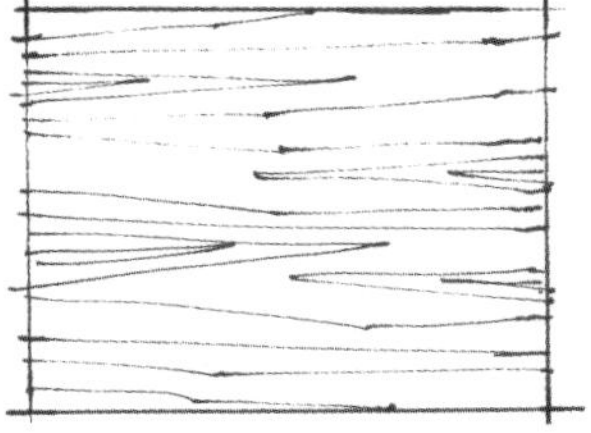

图 6-37　木材材质 1

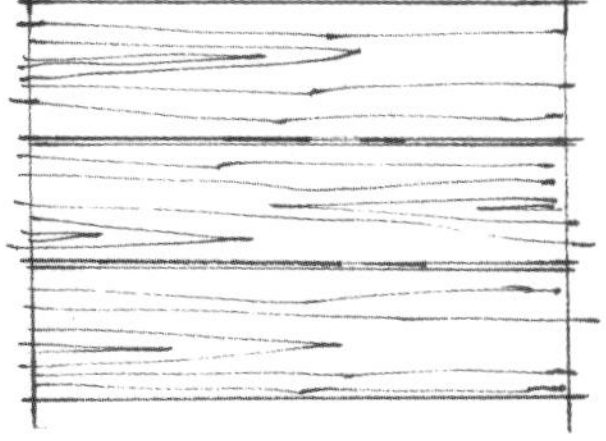

图 6-38　木材材质 2

图 6-39　木材材质 3

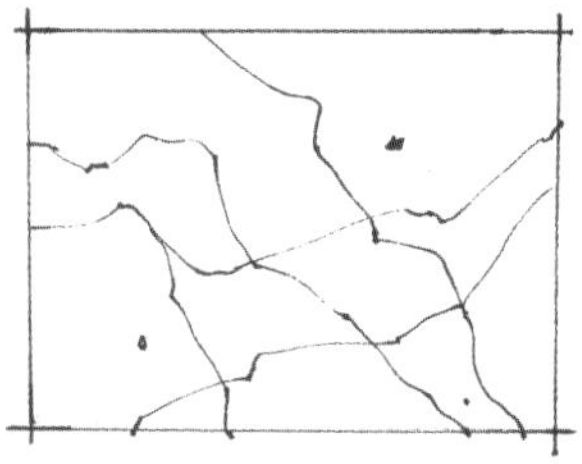

图 6-40　瓷砖材质

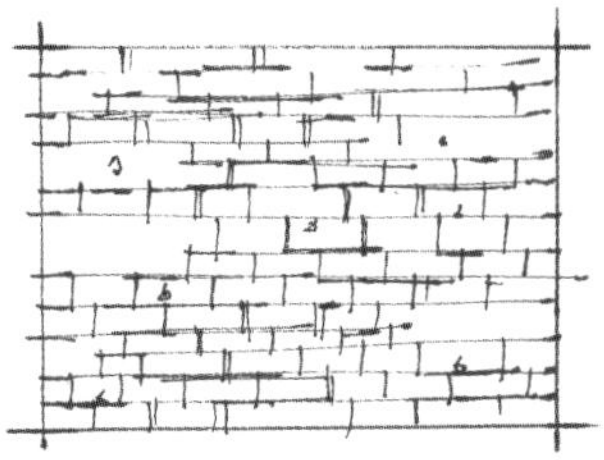

图 6-41　文化石材质 1

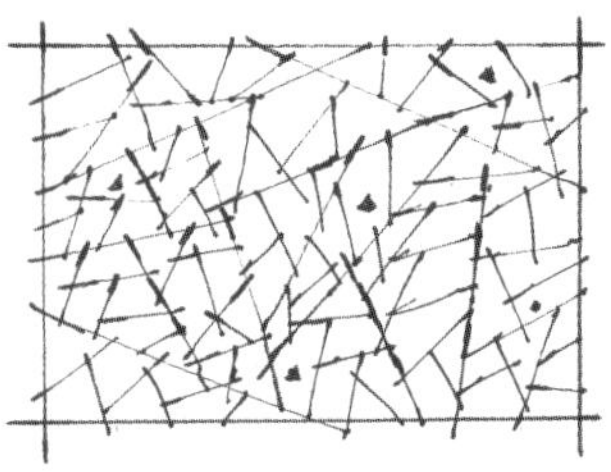

图 6-42　文化石材质 2

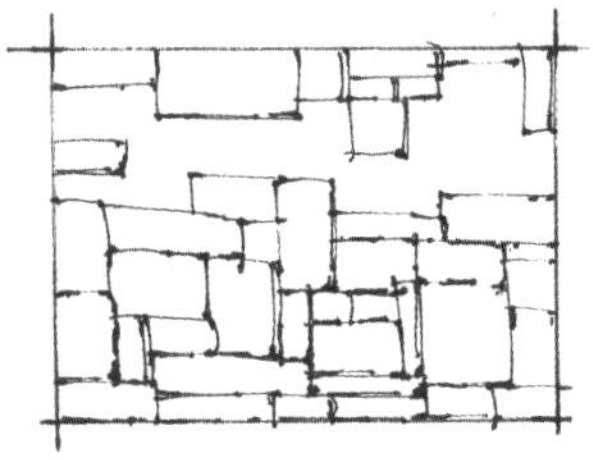

图 6-43　文化石材质 3

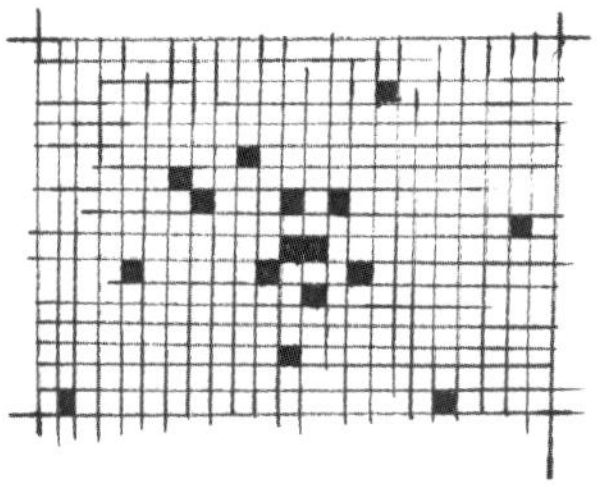

图 6-44　马赛克材质

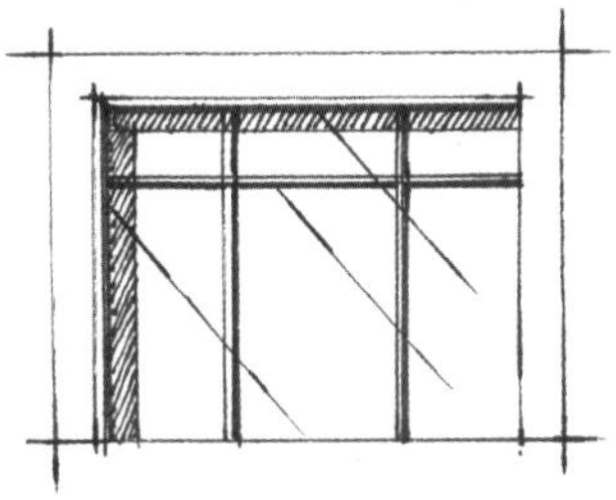

图 6-45　玻璃材质

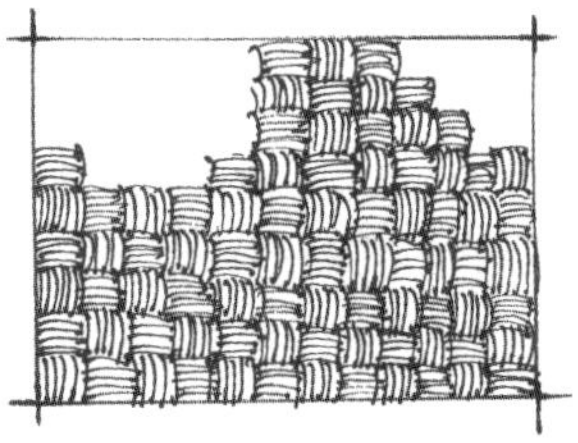

图 6-46　藤编材质

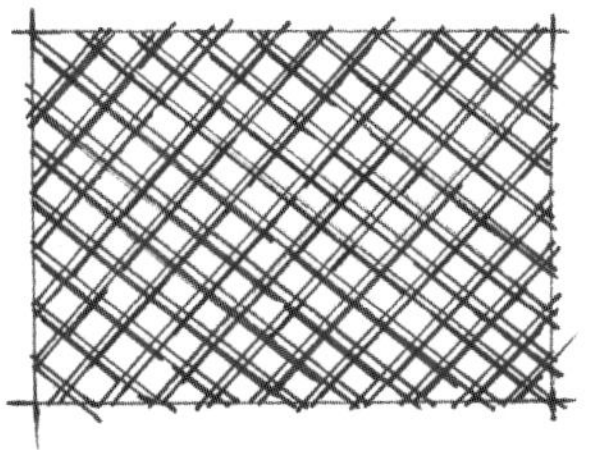

图 6-47　格栅材质 1

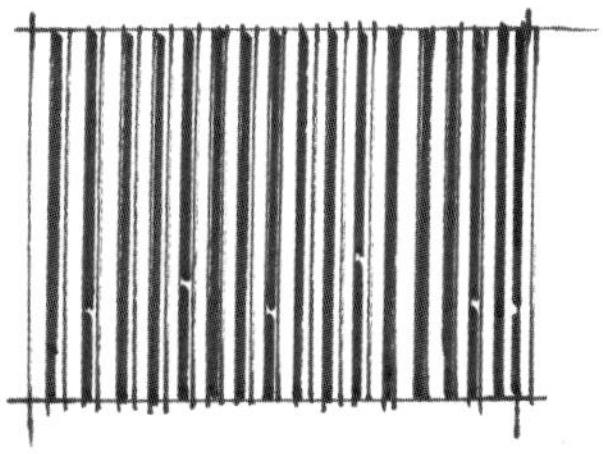

图 6-48　格栅材质 2

课后思考与练习

①查找一张溪流或者瀑布的图片，对其进行手绘表现，重点表现水的动态或者水的质感。

②取不同形状、大小的石头，进行手绘训练。

③对木材、玻璃等材质进行手绘表现。

7

平面图、立面图练习

平面图练习

立面图练习

本章重点:

①掌握平面图、立面图的制图规范，并且能够正确绘制相关的制图符号。

②根据所学的相关知识，合理规划平面图的布局。

③掌握平面图、立面图的绘制技法。

学习目标：

①掌握平面图与立面图的专业知识与表现技法。

②提升专业素养以及团队协作能力。

7.1 平面图练习

绘制平面图时需要注意图纸规范，不能只关注效果，应更多地注重对图纸规范的把控。规范包括指北针、比例尺、立面符号、尺寸标注、图名、材质标注、柱子、主入口符号等。图纸规范程度的高低是评价平面图绘制好坏的重要标准。

平面图手绘的注意事项如下。

第一：布局合理。

第二：有指北针。

第三：有立面符号。

第四：有主入口符号。

第五：有图名。

第六：有地面材质表现。

第七：家具比例准确。

第八：有比例尺。

第九：有尺寸标注。

第十：有标高。

第十一：有引线。

第十二：有剖面符号。

如图 7-1、图 7-2 所示，绘制办公空间平面图时，首先要进行合理的空间布局，其次注意平面图的规范，并对家具进行投影的绘制，这样能够体现空间的凹凸感。

如图 7-3~ 图 7-5 所示，绘制餐饮空间时要注意对空间布局的合理规划，还要注意平面图的制图规范，并注意家具投影的绘制。

如图 7-6、图 7-7 所示，绘制景观平面图时，需要注意不同平面植物的绘制，例如乔木、灌木应通过不同的植物形态进行表现，并注意植物、构造物和道路的比例尺关系，还应注意投影方向的统一性以及投影形状。

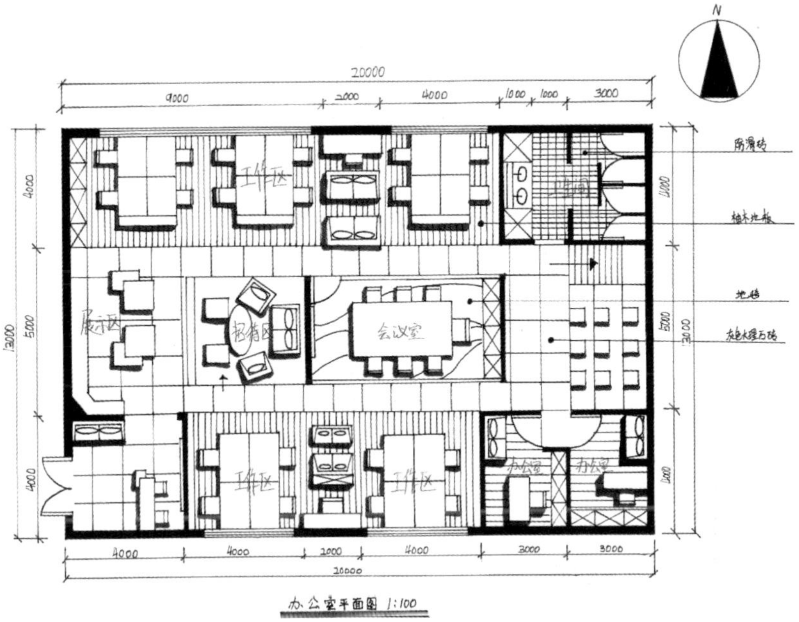

图 7-1　办公空间平面图 1

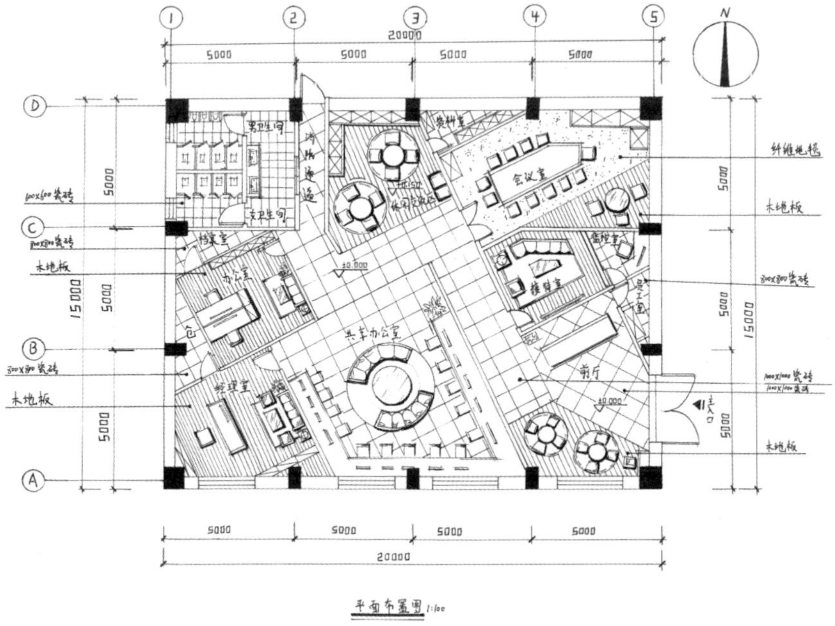

图 7-2　办公空间平面图 2

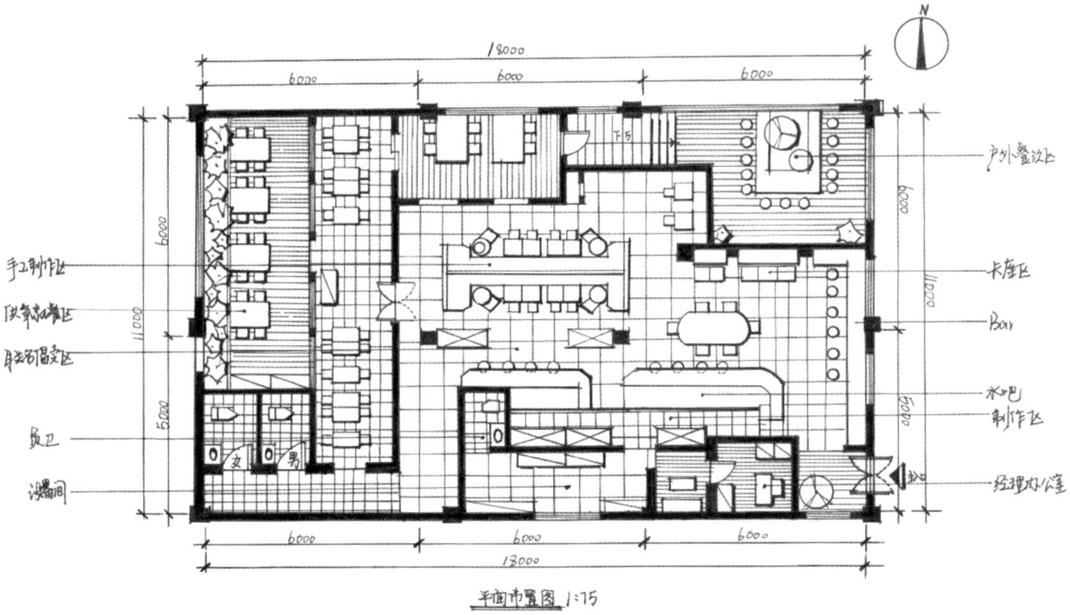

图 7-3　餐饮空间平面图 1

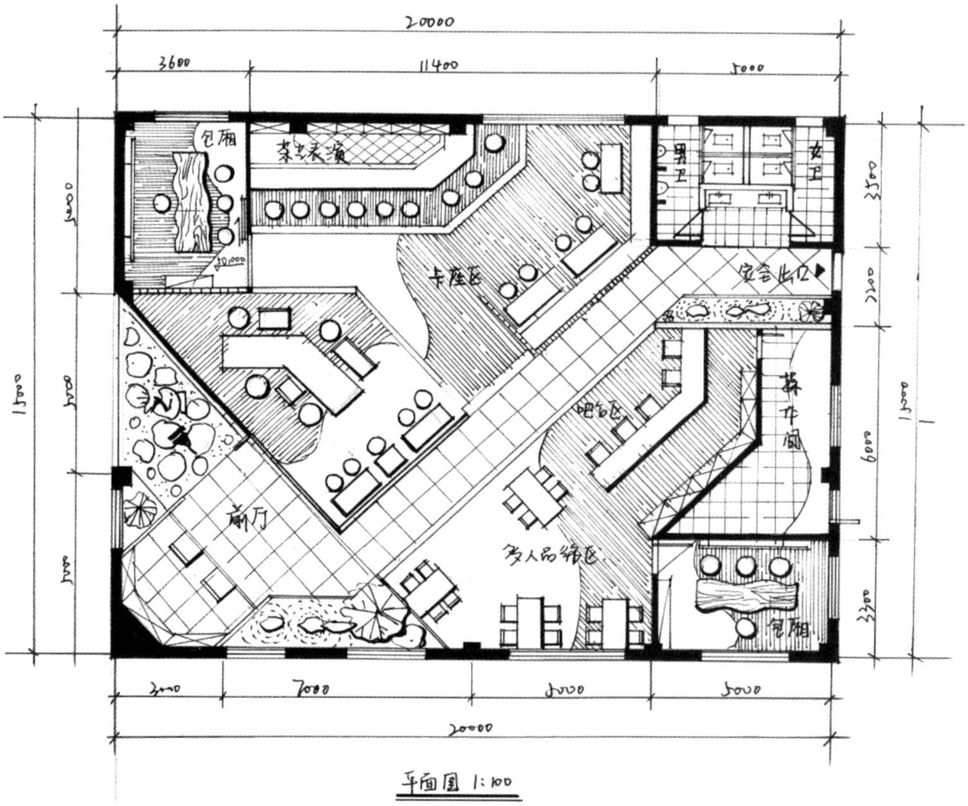

图 7-4　餐饮空间平面图 2

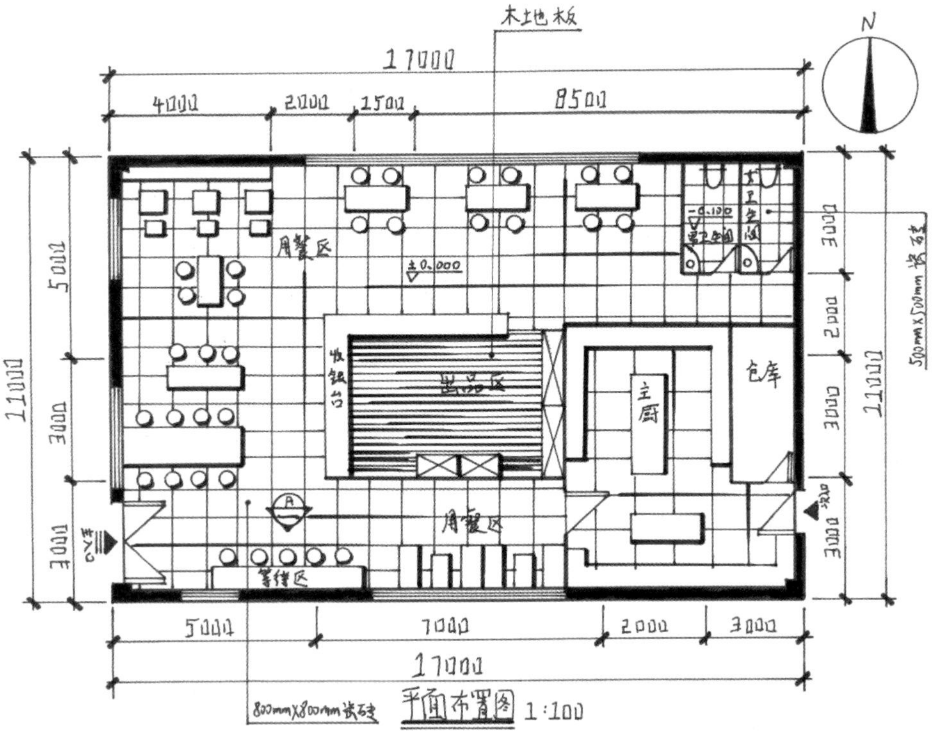

图 7 5　餐饮空间平面图 3

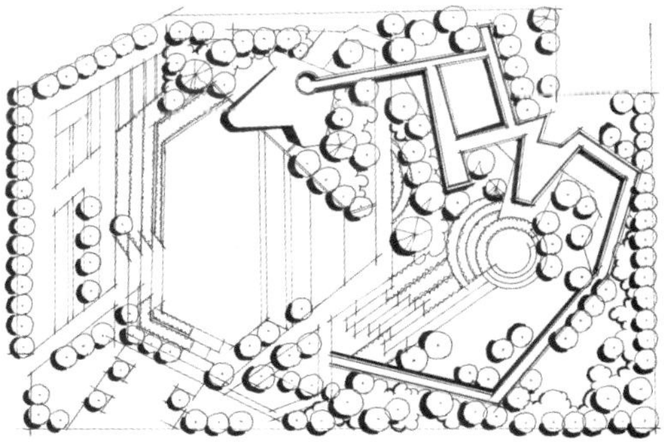

图 7-6　景观平面图 1

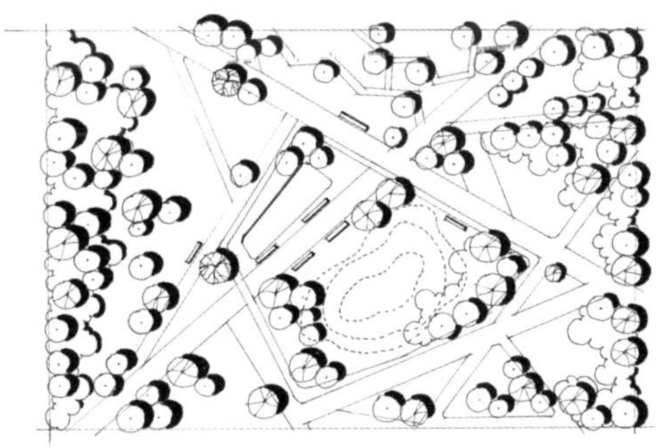

图 7-7　景观平面图 2

7.2 立面图练习

绘制立面图时需要注意图纸规范，立面图的图纸规范包括尺寸标注、图名、引线、材质标注等内容，并且在效果图上需要表现出立面图的投影关系。立面图表现选择的一般是立面结构比较丰富的位置，以体现出立面图的层次感（图7-8）。

立面图绘制的注意事项如下。

第一：注意比例的准确性。

第二：注意投影关系。

第三：注意材质的表达。

第四：注意图纸的规范。

如图 7-9~ 图 7-12 所示，立面图的表现重点是立面层次比较多的区域，需要注意家具、立面结构的比例尺关系，在立面结构的表达上要准确。立面结构的规范要准确绘制，比如引线、尺寸标注、图名等内容，并注意投影的方向以及投影的形状。

如图 7-13、图 7-14 所示，绘制景观立面图时要注意立面空间的透视关系以及层次关系，通过乔木、灌木的搭配来表现立面的层次感，并注意植物的主次关系。在植物配置上要注意植物的形态、大小，使其与整体画面相协调。

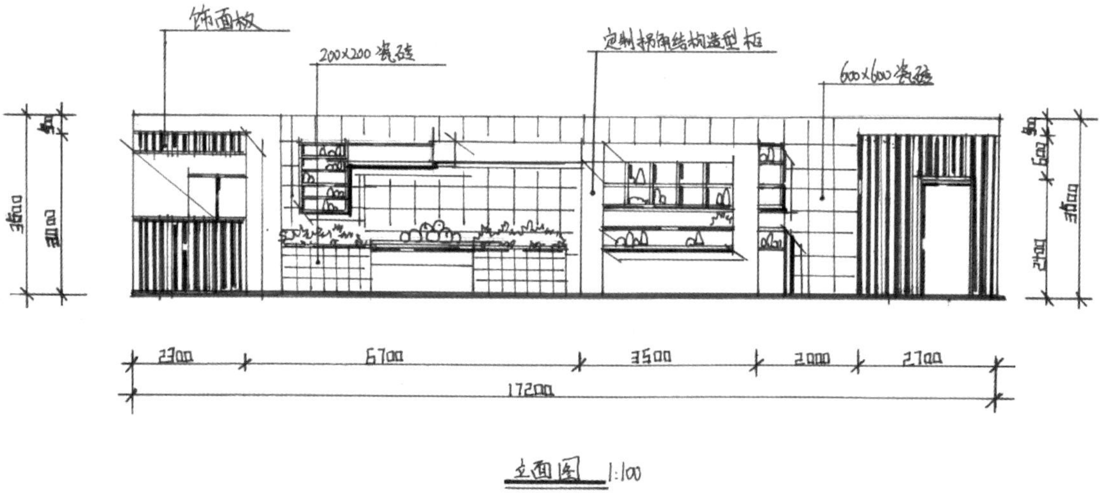

图 7-8　室内立面图 1

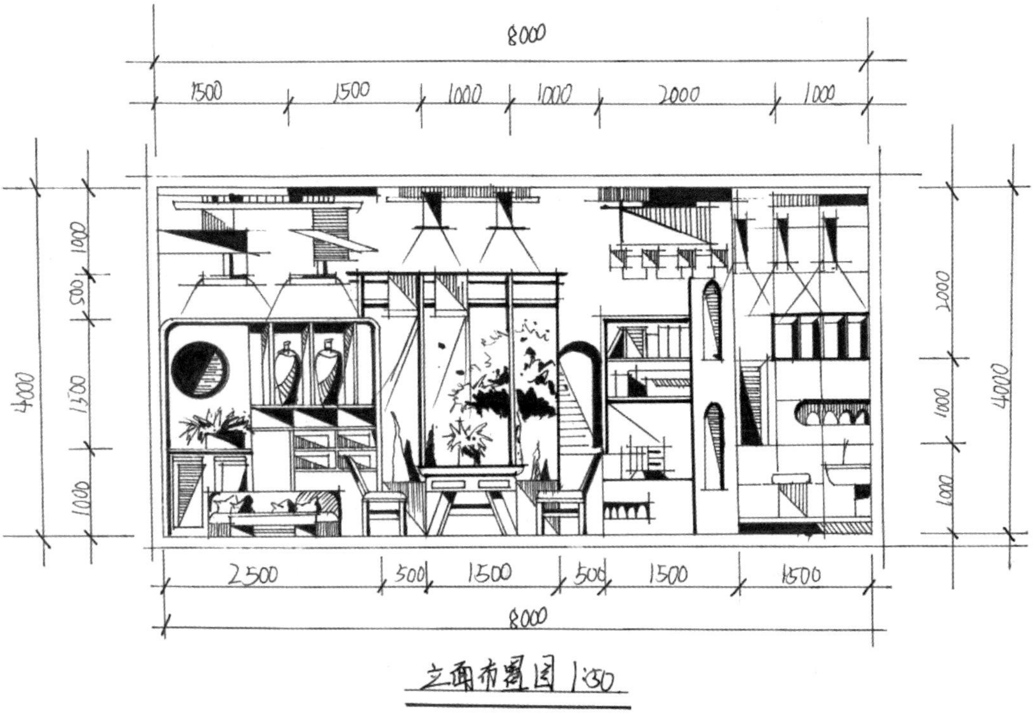

图 7-9　室内立面图 2

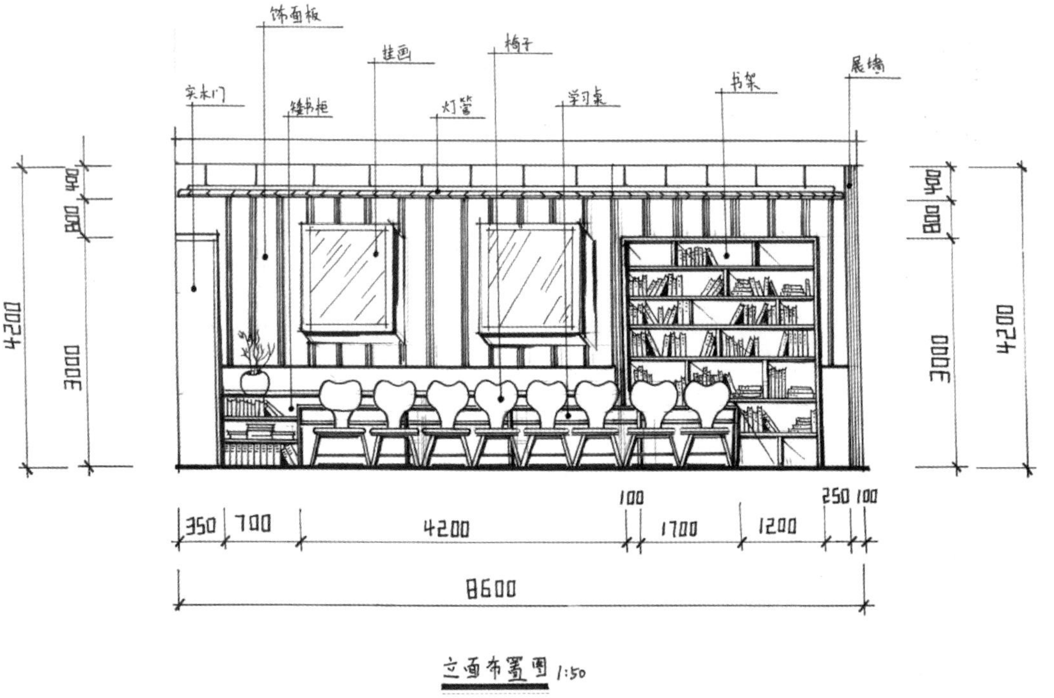

图 7-10　室内立面图 3

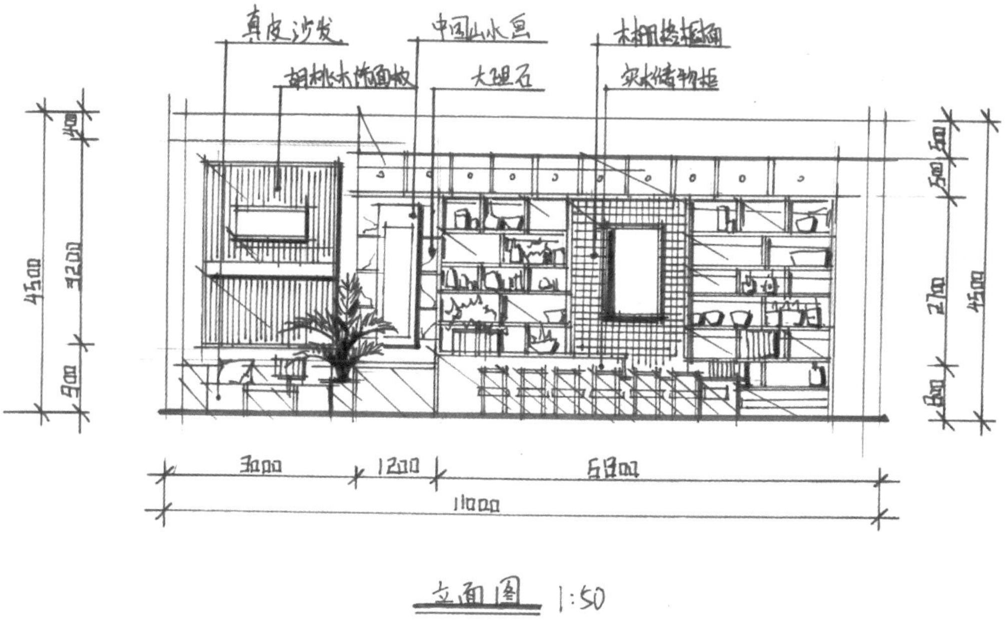

图 7-11　室内立面图 4

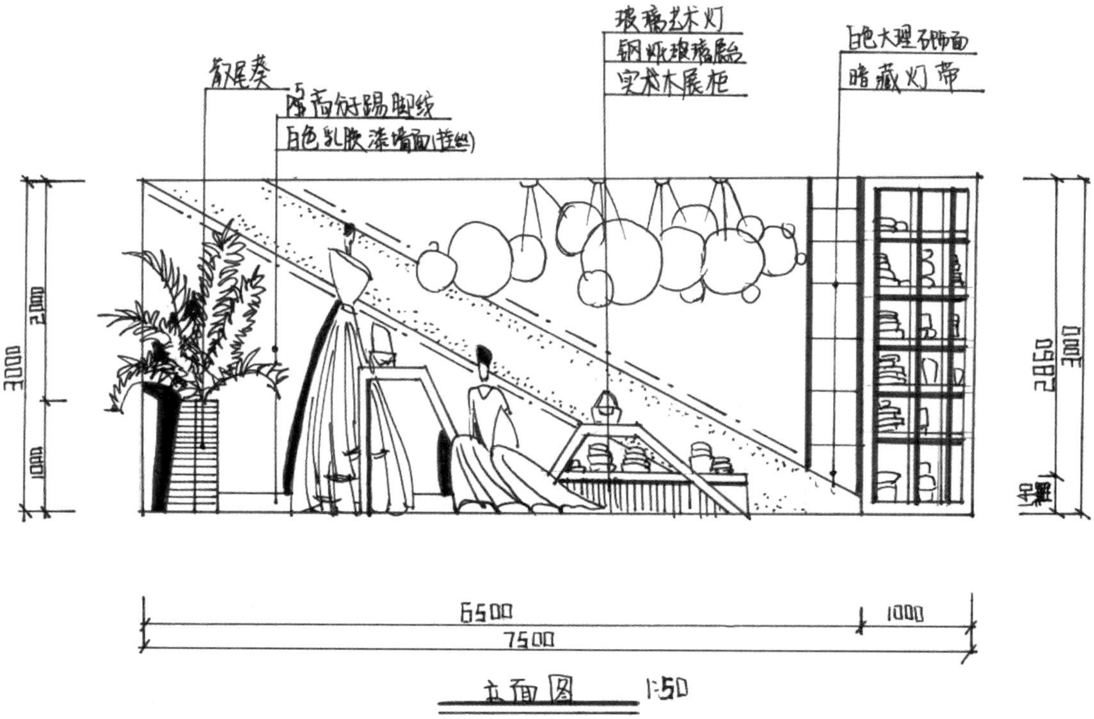

图 7-12　室内立面图 5

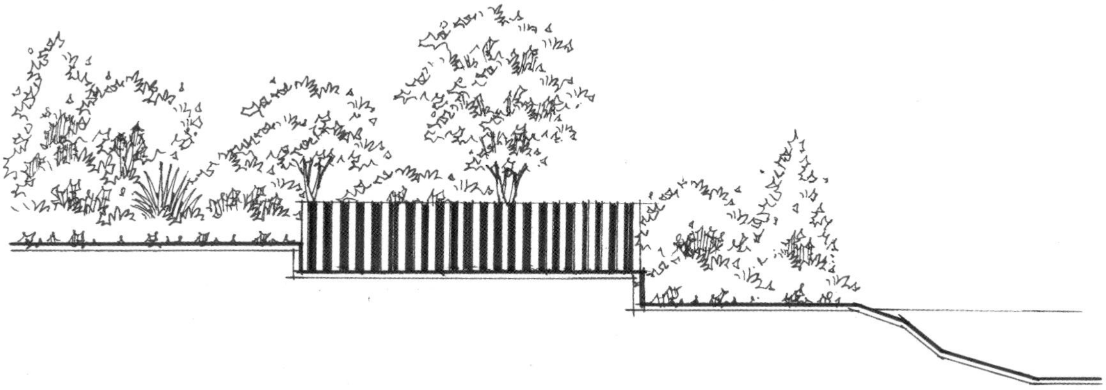

图 7-13　景观立面图 1

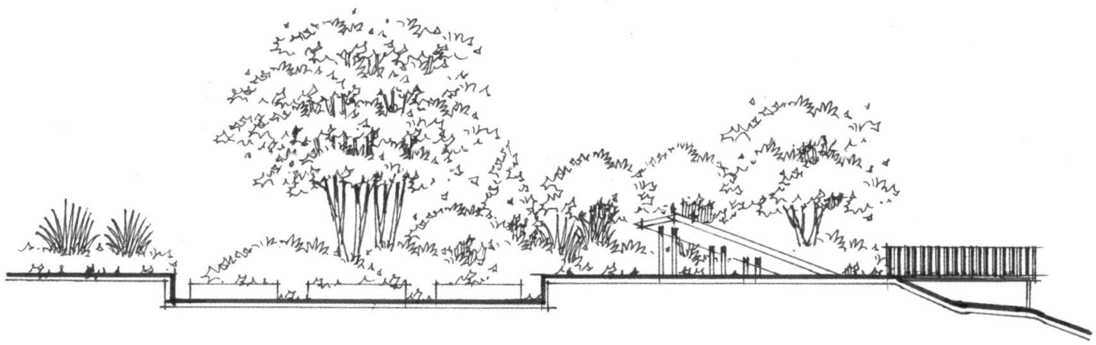

图 7-14　景观立面图 2

课后思考与练习

①分析平面图绘制事项，并绘制一张平面图。

②分析立面图绘制事项，并绘制一张立面图。

8

效果图线稿表现

效果图线稿表现技巧与方法

建筑、景观、室内线稿表现

本章重点:

①观察建筑、景观、室内空间的特点，分析它们的透视、比例关系。

②掌握建筑、景观、室内的表现技法，并对其进行熟练的练习。

③掌握将现实的场景空间绘制成线稿的能力。

学习目标:

①分析现实场景的空间特点，并掌握将其绘制成线稿的技法。

②激发求知欲和学习动机，培养踏实、肯干的品格。

8.1 效果图线稿表现技巧与方法

效果图线稿的表现涉及多个方面的技巧和方法。首先，在绘制中需要注意线条的表现，线条是效果图表现的基本元素，练习者需要注意线条的准确性、流畅性；其次，需要注意效果图的透视，在绘制中要注意效果图透视的准确性，要准确掌握效果图的一点透视、两点透视等基本原理；再次，需要注意效果图的构图技巧，注意效果图各元素、结构、物体之间的协调性；最后，要注意效果图的细节处理，通过细腻的线条以及投影关系的处理，准确表达物体的材质质感和纹理等，让效果图的细节层次更加丰富。

效果图的线稿表现需要具备一定的技巧与方法，这些技巧与方法需要通过大量的练习才能掌握。

8.2 建筑、景观、室内线稿表现

8.2.1 建筑线稿表现

如图 8-1 所示，建筑线稿表现的注意事项如下。

第一：注意建筑结构之间的透视关系。

第二：注意投影之间的关系。

第三：注意材质的表现。

如图 8-2 所示，建筑线稿能够快速表现设计师的设计构思。建筑线稿表现的注意事项如下。

第一：线条的表现要有连续性、肯定性。

第二：注重透视和比例，建筑线稿一般常见的透视是两点透视，要注意两点透视原理。

第三：注重配景与细节的刻画，利用植物、构筑物等丰富画面效果。

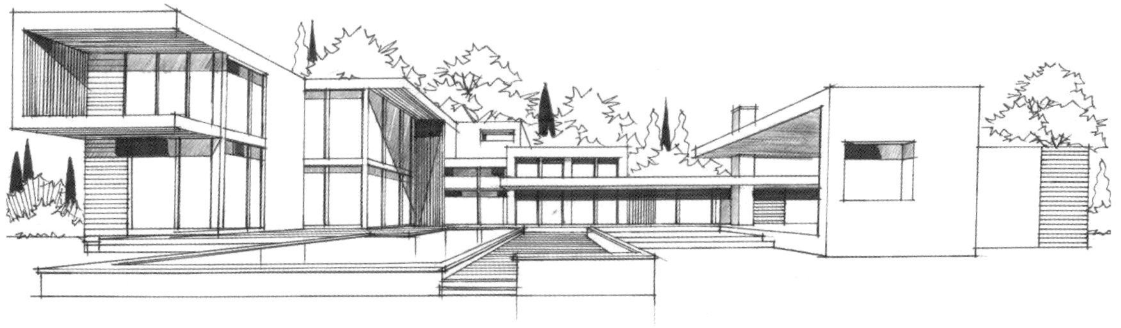

图 8-1　建筑线稿效果图 1

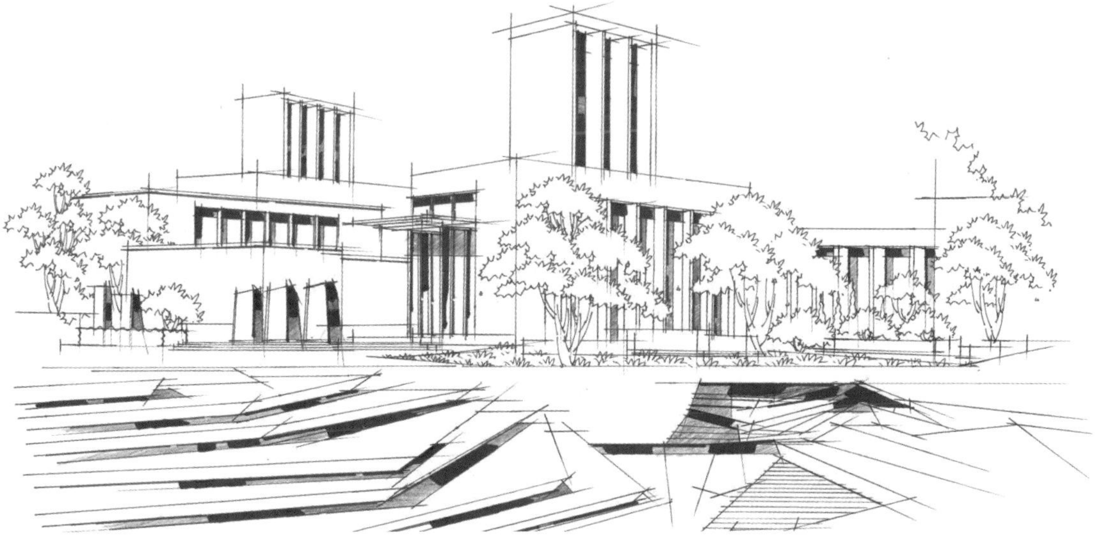

图 8-2　建筑线稿效果图 2

如图 8-3 所示，建筑线稿表现的注意事项如下。

第一：注重透视与比例，此图采用一点透视，应该遵循一点透视原理。

第二：注意光影处理，注重建筑光影的统一性以及准确性。

第三：注重线条的流畅性。

如图 8-4 所示，建筑线稿表现的注意事项如下。

第一：此图采用一点透视，遵循一点透视原理。

第二：在配景与细节方面，注意建筑与配景之间的层次关系与搭配。

第三：注重投影的刻画，保障投影的统一性与准确性。

图 8-3 建筑线稿效果图 3

图 8-4 建筑线稿效果图 4

如图 8-5 所示，建筑线稿表现的注意事项如下。

第一：此图采用一点透视，应该遵循一点透视原理。

第二：注意投影的表达，对投影的形状进行准确表现。

第三：注重线条的流畅性以及准确性。

如图 8-6 所示，建筑线稿表现的注意事项如下。

第一：此图采用一点透视，应该遵循一点透视原理。

第二：注重配景的搭配与建筑细节的刻画，体现出画面的层次感。

第三：注重光影的表现。

图 8-5　建筑线稿效果图 5

图 8-6　建筑线稿效果图 6

如图 8-7 所示，建筑线稿表现的注意事项如下。

第一：此图采用一点透视，遵循一点透视的透视原理。

第二：注重配景与建筑细节的刻画，注重建筑结构表现的准确性。

第三：注意画面投影的处理，对投影局部进行加重或者用彩铅处理。

如图 8-8 所示，建筑线稿表现的注意事项如下。

第一：此图采用两点透视，要根据两点透视原理进行绘制。

第二：注意植物与建筑之间的层次关系。

第三：注意建筑与构造物之间的投影表达。

第四：准确把握建筑与植物、构造物的穿插与比例关系。

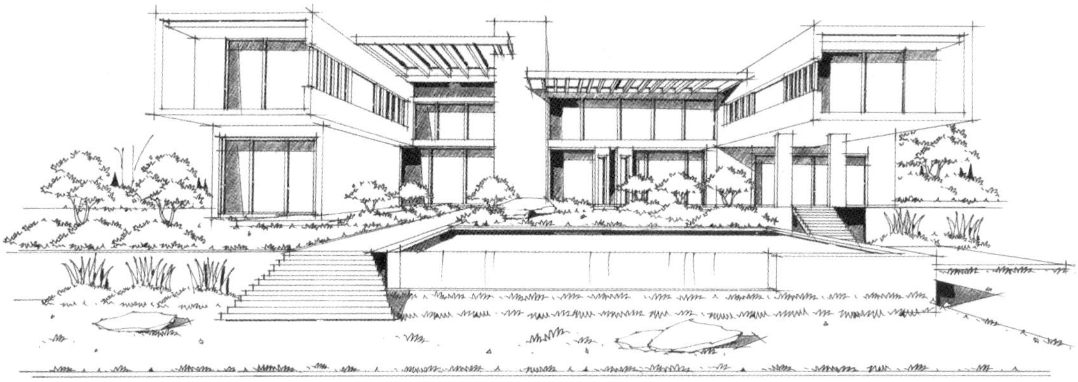

图 8-7　建筑线稿效果图 7

图 8-8　建筑线稿效果图 8

如图 8-9 所示，建筑线稿表现的注意事项如下。

第一：此图采用两点透视，需要遵循两点透视原理。

第二：注意植物之间的层次关系以及植物的表现。

第三：注意建筑的投影关系，准确表达投影的形状。

如图 8-10 所示，建筑线稿表现的注意事项如下

第一：此建筑线稿采用一点透视，应该遵循一点透视原理。

第二：注意建筑结构穿插关系以及结构的准确性。

第三：注意植物的表现以及植物的层次关系。

第四：注意建筑投影的准确性表达。

图 8-9　建筑线稿效果图 9

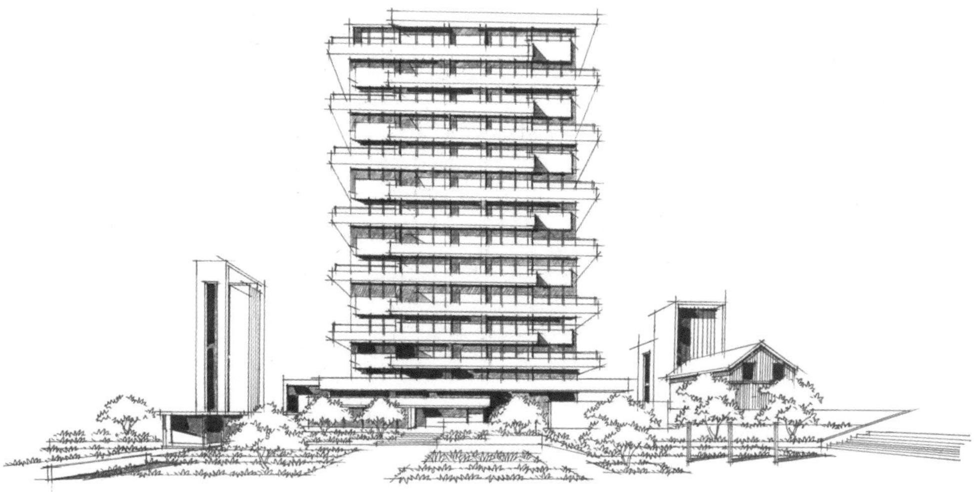

图 8-10　建筑线稿效果图 10

8.2.2 景观线稿表现

如图 8-11 所示，景观线稿表现的注意事项如下。

第一：注意结构之间的透视。

第二：注意植物的折线和植物的形状。

第三：注意植物之间的层次关系和前后关系。

第四：注意投影之间的关系。

如图 8-12 所示，景观线稿要确保作品的准确性以及艺术性。景观线稿表现的注意事项如下。

第一：注意线条的流畅性以及准确性，并注意线条的粗细变化。

第二：注意透视的准确性，景观线稿表现以一点透视和两点透视为主，应遵循一点透视和两

图 8-11　景观线稿效果图 1

图 8-12　景观线稿效果图 2

点透视的原理。

第三：注意主次分明，明确画面的主次关系，将主要内容重点突出，弱化次要关系。

如图 8-13 所示，景观线稿表现的注意事项如下。

第一：此图采用两点透视，物体结构要遵循两点透视原理。

第二：注意植物与构造物之间的层次关系。

第三：注意水面投影的表达以及水生植物的表达。

如图 8-14 所示，景观线稿表现的注意事项如下。

第一：此图采用一点透视，需要遵循一点透视原理，要准确表达一点透视。

第二：注意构造物与物体结构之间的穿插关系。

第三：注意植物与构造物之间的层次关系以及植物的表现。

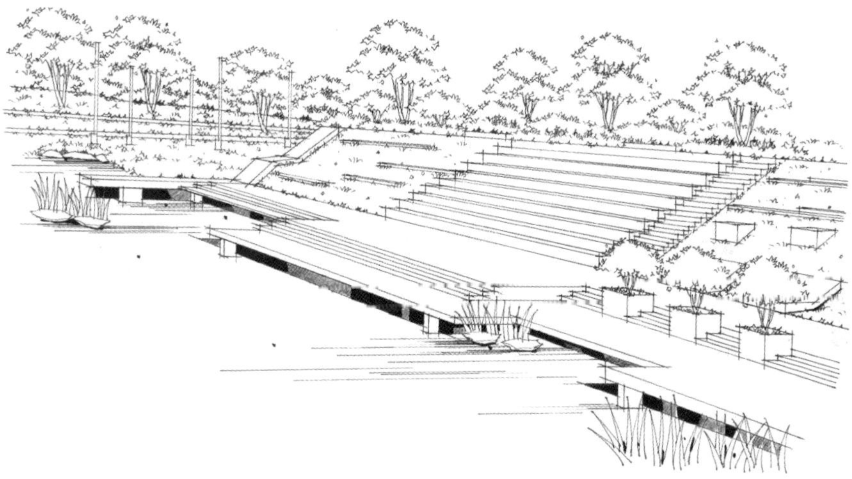

图 8-13 景观线稿效果图 3

图 8-14 景观线稿效果图 4

第四：准确表达投影，注意其方向的统一性。

如图 8-15 所示，景观线稿表现的注意事项如下。

第一：此图采用一点透视，需要遵循一点透视原理。

第二：注意结构的比例与透视的准确性。

第三：注意植物的层次关系，注意乔木、灌木的搭配关系。

第四：注意投影的准确表达。

图 8-15 景观线稿效果图 5

8.2.3 室内线稿表现

如图 8-16 所示，室内线稿表现的注意事项如下。

第一：此图采用一点透视，室内结构和家具等需要遵循一点透视原理。

第二：注意室内投影的表达。

第三：注意室外植物的表现。

如图 8-17 所示，室内线稿表现的注意事项如下。

第一：此图采用一点透视，室内结构和家具应遵循一点透视原理。

第二：注意室内形体结构与家具的比例以及准确性。

第三：注意投影的准确性表达。

如图 8-18 所示，室内线稿表现的注意事项如下。

第一：此图采用一点透视，应遵循一点透视原理。

第二：注意家具与室内结构的准确性。

第三：注意投影的准确性。

图 8-16　室内线稿效果图 1

图 8-17　室内线稿效果图 2

图 8-18　室内线稿效果图 3

课后思考与练习

①鉴赏一幅建筑效果图，分析建筑的透视和比例并对建筑进行手绘。

②鉴赏一幅景观效果图，分析景观的透视、比例、植物层次并对景观进行手绘。

③鉴赏一幅室内效果图，分析室内的透视和比例并对室内场景进行手绘。

9

马克笔基础技法

马克笔笔触分类

马克笔层次表现技法

几何体上色

本章重点：

①掌握不同类型的马克笔笔触，并且能够熟练应用到画面中。

②理解马克笔的层次关系，掌握提升画面层次的技法。

③熟练掌握在方体组合上进行马克笔上色的方法，注意马克笔笔触与块面之间的关系。

学习目标：

①掌握马克笔笔触的基础技法，熟练应用马克笔笔触。

②提升观察能力、总结能力以及加强对专业的热爱。

9.1 马克笔笔触分类

马克笔笔触可分为平涂、扫笔、叠涂、斜推等。本书使用法卡勒马克笔进行效果图绘制（后文讲到的色号都是该马克笔对应的色号）。

平涂：平涂技法是马克笔常用的一种上色方法，马克笔运笔速度要快，行笔不能太慢。马克笔的行笔速度越快，颜色越透，效果越灵动（图 9-1、图 9-2）。

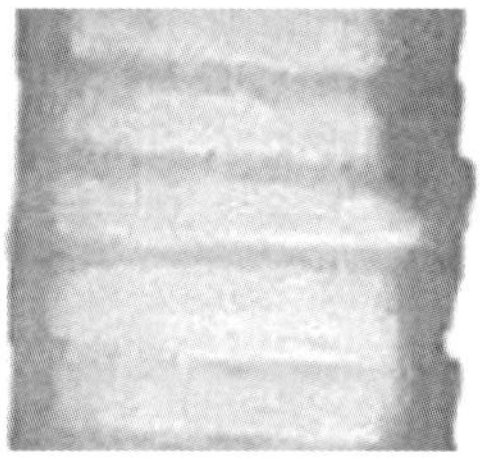

图 9-1 水平平涂笔触

图 9-2 竖直平涂笔触

扫笔：扫笔技法是用马克笔从一边快速扫向另一边的技巧，扫笔的笔触更加自然和流畅（图 9-3~ 图 9-5）。但是使用扫笔时需要注意在画面中的使用位置，用得太多或者不恰当会让画面显得非常凌乱。

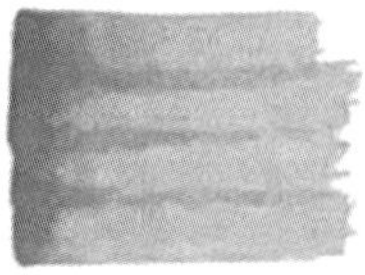

图 9-3 扫笔笔触 1

图 9-4 扫笔笔触 2

图 9-5 扫笔笔触 3

叠涂：叠涂技法是指在行笔过程中不出现断开，不断、快速地来回行笔，这种技法能够降低笔触之间的痕迹，让色彩的过渡更加自然（图9-6、图9-7）。

图 9-6 叠涂笔触 1

图 9-7 叠涂笔触 2

斜推：斜推技法是指笔触在平涂的基础上有一些倾斜的马克笔上色的技法。用马克笔进行斜推时，需要注意马克笔的笔头与纸的关系，笔头位置错误会让笔触产生顿感（图9-8、图9-9）。

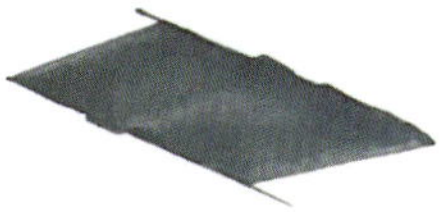

图 9-8 斜推笔触 1

图 9-9 斜推笔触 2

点：点是马克笔笔触常用的一种画法，在绘制中不能把点画成数学里的圆点。马克笔笔触中的点是一种不规则的点，这种点的笔触更加灵动、自然而有变化。点的绘制是为了增加画面的层次感，让画面变得更加灵动（图9-10、图9-11）。

图 9-10 点的笔触 1

图 9-11 点的笔触 2

9.2 马克笔层次表现技法

马克笔的画面层次是通过马克笔的颜色由浅至深变化表现出来的，这种颜色的变化需要结合马克笔笔触技法进行体现。在绘制中，第一层先上一遍浅色的马克笔颜色，第二层在色彩上要比第一层颜色更深（图9-12）。

注意：第一层上一层浅颜色，第二层上一层较深的颜色。

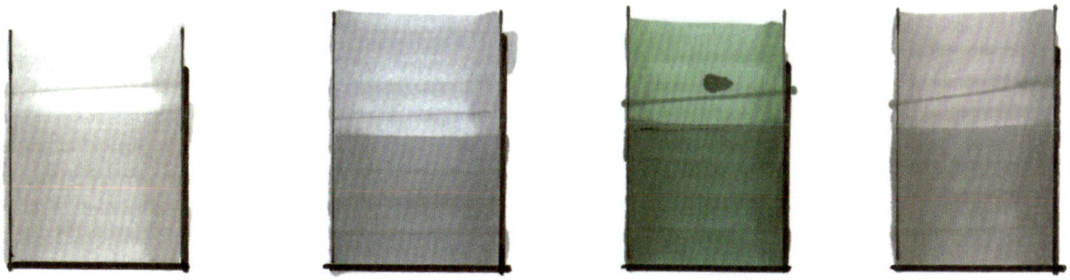

图 9-12 马克笔层次

9.3　几何体上色

用马克笔给几何体上色是练习马克笔技法的基础途径，能够帮助初学者了解马克笔技法的特性，快速掌握马克笔技法。在练习中，需要注意马克笔笔触的透视方向以及笔头放置的位置（图9-13~图9-15）。几何体上色时首先上第一层浅颜色，在浅颜色的基础上再上一层深颜色，加强几何体上色的层次关系。

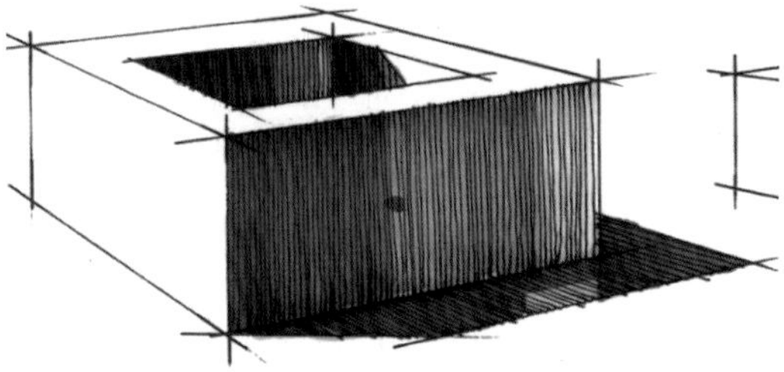

图 9-13　方体上色表现 1

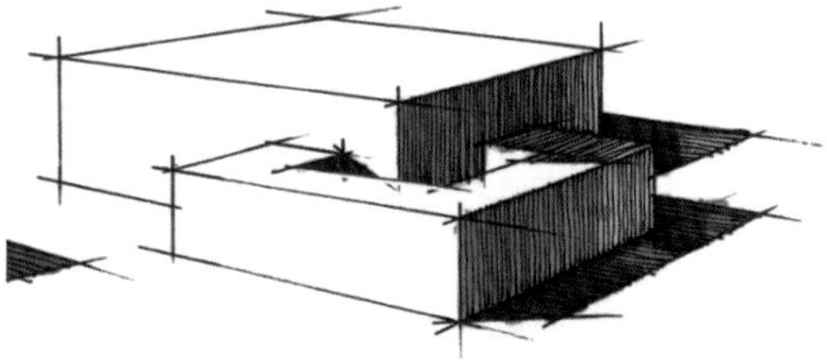

图 9-14　方体上色表现 2

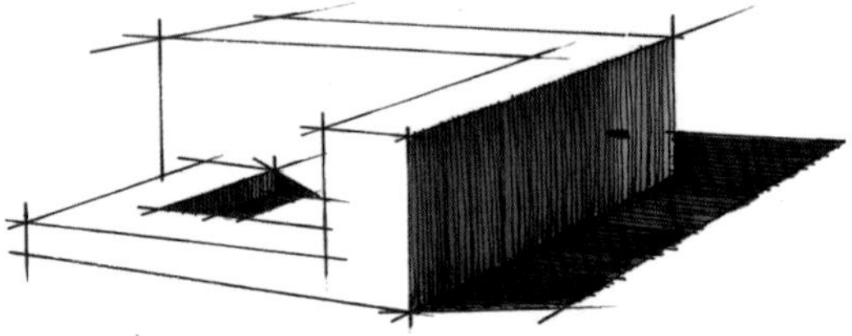

图 9-15　方体上色表现 3

如图 9-16 所示，先使用 59 号涂一层浅色，浅色干了之后使用 60 号上一层颜色，但是要注意 60 号颜色上到三分之二的位置即可，最后可以使用 61 号再上一层颜色，61 号颜色不能涂太多位置。

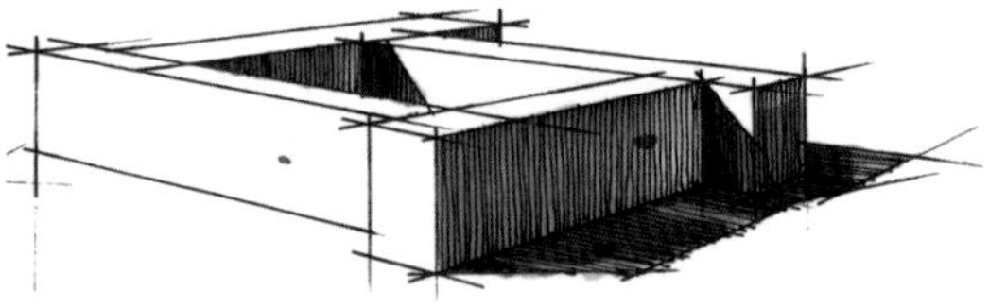

图 9-16　方体上色表现 4

如图 9-17、图 9-18 所示，先使用 270 号涂一层浅色，待 270 号颜色稍干之后使用 271 号涂一层过渡颜色，最后可使用 272 号再完成一次层次过渡。投影的颜色同样可以使用相同的技法进行绘制。

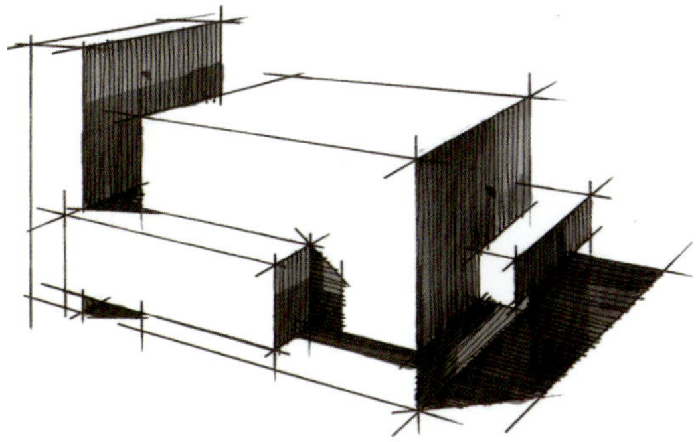

图 9-17　方体上色表现 5

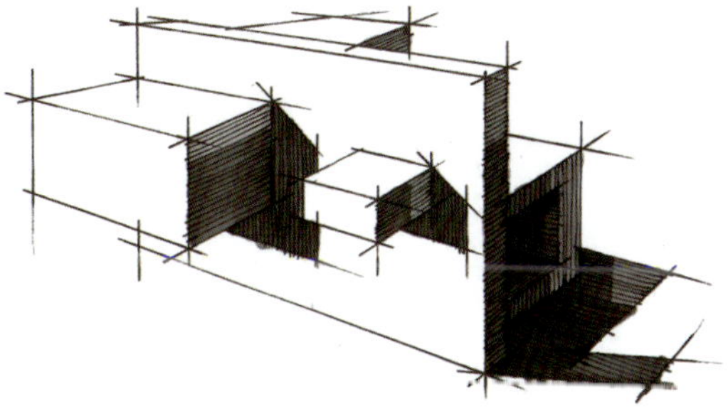

图 9-18　方体上色表现 6

如图 9-19 所示，先使用 172 号涂一层浅色，待 172 号颜色稍干之后再涂一层 173 号颜色进行过渡，使方体出现由浅至深的层次感。投影的颜色依次采用 172 号、173 号、174 号进行层次过渡。

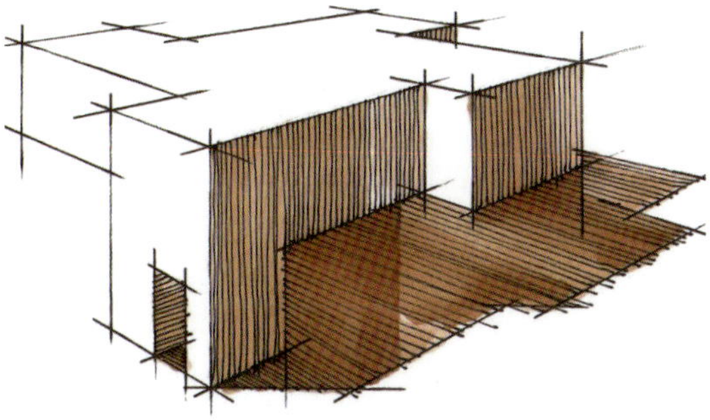

图 9-19　方体上色表现 7

其他几何体的马克笔上色效果如图 9-20~图 9-22 所示。

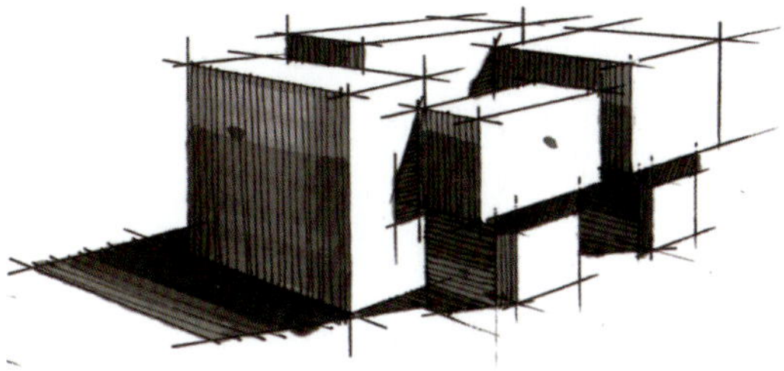

图 9-20　方体上色表现 8

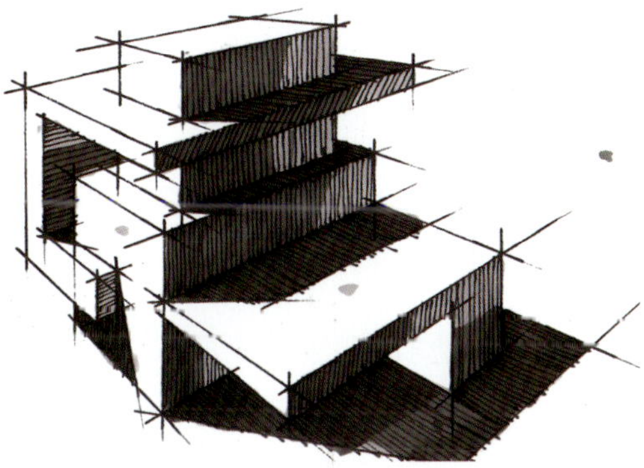

图 9-21　方体上色表现 9

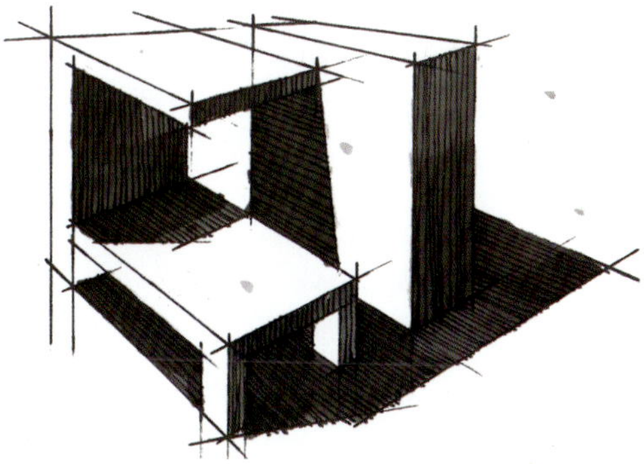

图 9-22　方体上色表现 10

课后思考与练习

①鉴赏一幅马克笔上色效果图，分析马克笔色彩的基本原理。

②理解马克笔笔触的技法，并使用不同的马克笔笔触技法进行练习。

③绘制3~4种方体，进行方体的马克笔上色练习。

10

植物与其他材质马克笔上色

植物上色

水景与石头上色

家具上色

本章重点：

①理解乔木、灌木、草本植物等植物的马克笔上色技巧，并熟练地进行应用。

②分析水、石头的质感，通过马克笔进行材质的表达。

③理解家具的色彩关系，通过马克笔进行上色表现。

学习目标：

①能够掌握植物、石头、家具等不同材质的上色技巧。

②增强团队意识，能够与他人讨论并协作完成学习任务。

10.1 植物上色

植物上色的重点如下。

由浅入深：在进行马克笔上色时，首先上一层浅色，随后逐步加深至深色，以实现对色彩层次与渐变效果的精细掌控。

亮部留白：对于植物的明亮部分，特别是直接受光的一面，应巧妙利用留白或轻柔上色技巧，以凸显其光泽与明亮特质。

过渡自然：在亮面与暗面的交界地带，确保色彩转换平滑无突兀，通过细腻的色彩过渡手法，消除任何可能引起视觉不适的色彩突变现象。

细节刻画：对植物的细节刻画能够增加植物的质感，颜色上完之后使用高光笔进行细节刻画，树枝部分用高光笔提亮，局部位置可用彩铅丰富。

10.1.1 乔木上色

如图 10-1 所示，先使用 213 号涂一层浅色，涂颜色的时候亮部位置可适当留白，待颜色稍干之后再涂一层 158 号颜色，涂 158 号颜色时不能填满，只涂一部分颜色。植物的暗部位置使用 163 号进行颜色填涂，充分体现植物的层次感。

如图 10-2 所示，先使用 143 号涂一层浅色，用 143 号填涂的时候适当留白，待颜色稍干之后再使用 212 号涂色，在浅色的基础上进行层次过渡。植物的暗部位置可使用 207 号进行颜色填涂，填涂颜色时注意植物的层次过渡。涂色时要注意以下事项。

第一：亮部位置适当留白。

第二：植物层次颜色的过渡要自然。

第三：亮部位置使用高光笔提白。

如图 10-3 所示，先使用 235 号涂一层浅色，亮部位置可适当留白，再使用 236 号涂一层过渡色，植物的暗部位置使用 237 号进行颜色填涂，注意植物层次的自然过渡。涂色时要注意以下事项。

第一：亮部位置适当留白。

第二：注意马克笔涂色层次过渡自然。

第三：涂色之后用高光笔提白。

其他乔木上色效果如图 10-4~ 图 10-8 所示。

图 10-1　乔木上色 1

图 10-2　乔木上色 2

图 10-3　乔木上色 3

图 10-4　乔木上色 4

图 10-5　乔木上色 5

图 10-6　乔木上色 6

图 10-7　乔木上色 7

图 10-8　乔木上色 8

10.1.2 灌木、草本植物上色

先平涂一层浅颜色，亮部位置可以适当留白，部分区域再上一层深一点的颜色，但是不要全部遮挡住第一层的颜色。

如图 10-9 所示，先使用 228 号上第一层浅色，可适当留白，再使用 287 号涂一层深色。用 287 号涂色的时候不能涂满，可以通过点、线的方式让画面更具有灵活性。

如图 10-10 所示，先使用 225 号涂第一层色，第一层颜色稍干之后再使用 226 号涂色，注意草地上色时马克笔颜色的灵活表现。

其他草地上色效果如图 10-11 所示。

如图 10-12 所示，先使用 227 号上第一层颜色，注意留白，第二层颜色使用 228 号颜色，注意层次过渡自然。

其他灌木上色效果如图 10-13 所示。

如图 10-14 所示，绿篱的马克笔上色先使用 60 号，第一层颜色稍干之后再使用 61 号涂色，并注意颜色层次过渡自然。

其他绿篱上色效果如图 10-15~ 图 10-19 所示。

草本植物上色效果如图 10-20、图 10-21 所示。

图 10-9 草地上色 1

图 10-10 草地上色 2

图 10-11　草地上色 3

图 10-12　灌木上色 1

图 10-13　灌木上色 2

图 10-14　绿篱上色 1

图 10-15　绿篱上色 2

图 10-16　绿篱上色 3

图 10-17　绿篱上色 4

图 10-18　绿篱上色 5

图 10-19　绿篱上色 6

图 10-20　草本植物上色 1

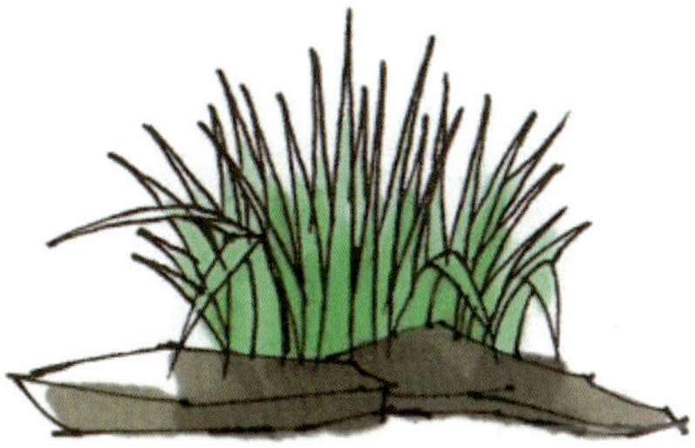

图 10-21　草本植物上色 2

10.1.3　热带植物上色

热带植物上色时，注意热带植物叶片的形体结构，先上一层比较浅的颜色，上第二层颜色时，在局部位置找色彩的层次关系。

如图 10-22 所示，先使用 56 号上一层浅色，上色的时候注意叶片的结构，再使用 57 号加深植物暗部位置的颜色，体现出热带植物颜色的层次感。树干颜色使用棕色的马克笔进行涂色。

如图 10-23 所示，树叶使用 26 号上一层浅色，待颜色稍干之后再使用 27 号涂色，注意叶片结构的穿插。

其他棕榈树上色效果如图 10-24~ 图 10-26 所示。

其他热带植物上色效果如图 10-27、图 10-28 所示。

图 10-22　棕榈树上色 1

图 10-23　棕榈树上色 2

图 10-24　棕榈树上色 3

图 10-25　棕榈树上色 4

图 10-26　棕榈树上色 5

图 10-27　菖蒲上色

图 10-28　龙血树上色

10.1.4 远景植物、前景树上色

用马克笔给远景植物上色时，需要注意马克笔笔触的层次感，并且要注意色彩搭配，保证画面的和谐统一（图 10-29~ 图 10-31）。远景植物上色的注意事项如下。

第一：注意马克笔笔触的排列，并保障马克笔笔触的点、线、面应用。

第二：注意远景植物与前景植物的色彩对比，注重画面的层次感。

第三：注意远景植物前后之间的层次关系。

第四：注意植物的投影关系，通过投影表现植物的空间感。

如图 10-32 所示，前景树的马克笔上色先使用 56 号，马克笔的笔触不能过于拘谨，注意马克笔笔触的灵活性，再使用 57 号进行笔触的过渡，并且过渡要自然。前景树上色的注意事项如下。

第一：注意马克笔笔触的灵活性。

第二：注意马克笔笔触的过渡自然。

第三：马克笔笔触点、线、面结合使用。

其他前景树上色效果如图 10-33~ 图 10-35 所示。

图 10-29　远景植物上色 1

图 10-30　远景植物上色 2

图 10-31　远景植物上色 3

图 10-32　前景树上色 1

图 10-33　前景树上色 2

图 10-34　前景树上色 3

图 10-35　前景树上色 4

10.1.5 鸟瞰植物上色

用马克笔给鸟瞰植物上色时，需要注意色彩之间的层次关系。鸟瞰植物上色的注意事项如下。

第一：亮部位置适当留白。

第二：马克笔深浅颜色层次过渡自然。

第三：注意马克笔颜色的灵活性。

如图 10-36 所示，先使用 45 号涂第一层颜色，注意留白，待第一层颜色稍干之后再使用 46 号涂第二层颜色，注意颜色的层次感，暗部位置可使用 47 号加深颜色。

其他鸟瞰植物上色效果如图 10-37~ 图 10-40 所示。

10.1.6 平面植物上色

注意色彩的层次关系以及不同品种植物之间的色彩关系。平面植物的绘制要注意准确把握色彩的搭配（图 10-41~ 图 10-48），注意事项如下。

第一：平面植物上色时，注意色彩之间的搭配以及画面之间的协调。

第二：注意平面植物由浅至深的层次关系。

第三：注意平面植物细节的处理以及留白。

第四：注意马克笔笔触的点、线、面处理。

图 10-36 鸟瞰植物上色 1

图 10-37 鸟瞰植物上色 2

图 10-38 鸟瞰植物上色 3

图 10-39　鸟瞰植物上色 4

图 10-40　鸟瞰植物上色 5

图 10-41　平面植物上色 1

图 10-42　平面植物上色 2

图 10-43　平面植物上色 3

图 10-44　平面植物上色 4

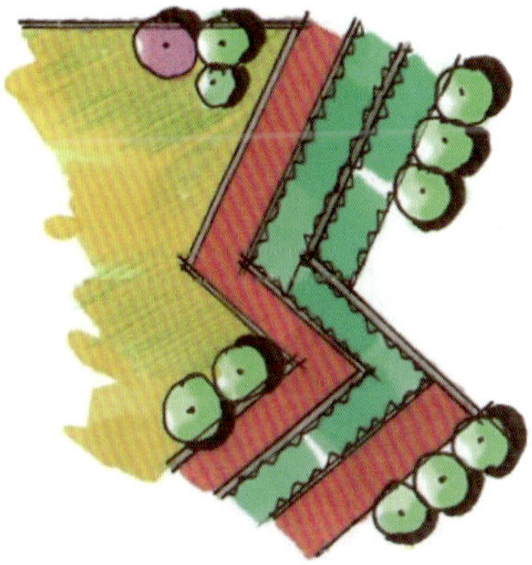

图 10-45　平面植物上色 5

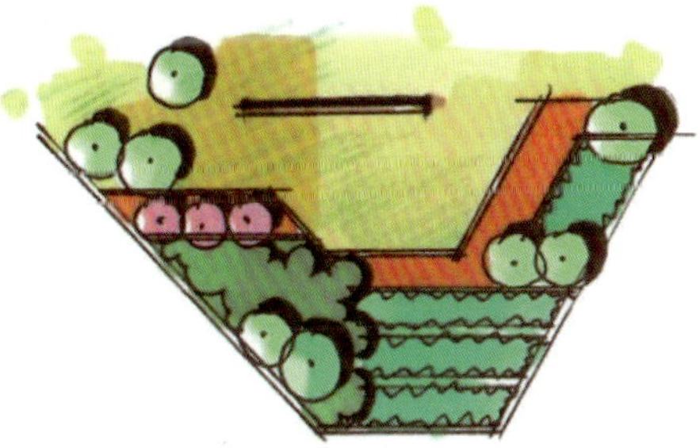

图 10-46　平面植物上色 6

图 10-47　平面植物上色 7

图 10-48　平面植物上色 8

10.2 水景与石头上色

10.2.1 水景上色

水景绘制的注意事项如下。

光影关系：在水景的描绘中，光影的细腻变化是核心要点，特别是水面反射与倒影的细致刻画。务必留心光源的方位与亮度变化，同时捕捉水面与周边环境之间的关系，运用马克笔技艺，将水面的光影层次生动地展现出来。

水体透明体现：为了营造水体的透明感，注意色彩深浅之间的层次关系。巧妙运用叠加与渐变技巧，逐步构建水体透明的视觉层次。同时，需细致把握水体色彩的深浅变化，利用不同饱和度的蓝色或灰色调，精准呈现水体的自然质感。

反光与倒影：水面上的反光与倒影不仅是水景的视觉亮点，更是增强画面真实感的关键。在绘制时，应运用马克笔细致刻画这些光影细节，确保它们的亮度、形态与真实环境高度吻合，为画面增添生动感与立体感。

色彩过渡：在水景的着色过程中，色彩的过渡至关重要。应避免出现突兀的色差或色块，力求色彩之间衔接自然。在运用马克笔上色时，可灵活运用渐变或叠加技法，使色彩过渡得更加流畅自然，为水景画面增添细腻与和谐之美。

如图 10-49~ 图 10-52 所示，水景马克笔效果图分别包括乔木、灌木、水等内容的马克笔上色。乔木、灌木的马克笔上色注意亮部位置的留白，并且注意由浅至深的层次表现，在投影关系上要注意光影方向的统一性，并且注意前景植物与远景植物的表现。水景的马克笔上色应注意水的投影变化以及深浅变化。

10.2.2 石头上色

在使用马克笔为石头上色时，要注意颜色的搭配和过渡，避免出现颜色过于单一或过于突兀的情况。同时，要注意笔触的轻重和方向，以及阴影和高光的位置和强度，以表现出石头的真实感和立体感（图 10-53、图 10-54）。主要步骤和技巧如下。

选择颜色：根据石头的实际颜色和光影效果，选择合适的马克笔上色。一般来说，可以选择灰色、棕色、黑色等中性色作为底色，再选择一些亮色来表现石头的高光和反光部分。

打底色：用浅色马克笔轻轻地在石头表面涂上一层底色，注意均匀涂抹，不要有明显的笔触。可以使用交叉排线的方法来涂抹，以增加颜色的层次感。

添加阴影：用深色马克笔在石头的暗部和阴影处添加阴影，注意根据光线的方向和强度来确定阴影的位置和大小。可以使用渐变的方法来涂抹阴影，使阴影更加自然。

描绘细节：用细笔头的马克笔在石头表面描绘出一些细节，如纹理、裂缝、斑点等，以增加石头的真实感和立体感。可以使用不同的颜色和笔触来描绘不同的细节。

涂抹高光：用亮色马克笔在石头的高光处涂抹上一层高光，注意根据光线的方向和强度来确定高光的位置和大小。可以使用白色或银色的马克笔来涂抹高光，使高光更加明显。

调整整体效果：完成以上步骤后，观察石头的整体效果，如有需要，可以进行一些调整和修改，如加深阴影、提亮高光、增加细节等，以达到更加理想的效果。

水景与石头上色效果如图 10-55~ 图 10-60 所示。

图 10-49　水景上色 1

图 10-50　水景上色 2

图 10-51　水景上色 3

图 10-52　水景上色 4

图 10-53　石头上色 1

图 10-54　石头上色 2

图 10-55　水景与石头上色 1

图 10-56　水景与石头上色 2

图 10-57　水景与石头上色 3

图 10-58　水景与石头上色 4

图 10-59　水景与石头上色 5

图 10-60　水景与石头上色 6

10.3　家具上色

茶几、床头柜、椅子、沙发等家具的表达需要注意材质的软硬关系，例如石材、木材、布料等材质的表达。家具上色的注意事项如下。

第一：注意色彩的搭配，室内家具的颜色纯度更大。

第二：注意马克笔笔触的层次感。

第三：注意光影的变化。

如图 10-61 所示，茶几的木材可以使用 218 号上色，待颜色稍干之后再使用 158 号涂色，马克笔颜色层次过渡要自然。石材使用 270 号上色，待颜色稍干之后再使用 271 号涂色。

茶几、床头柜等家具上色效果如图 10-62~图 10-69 所示。

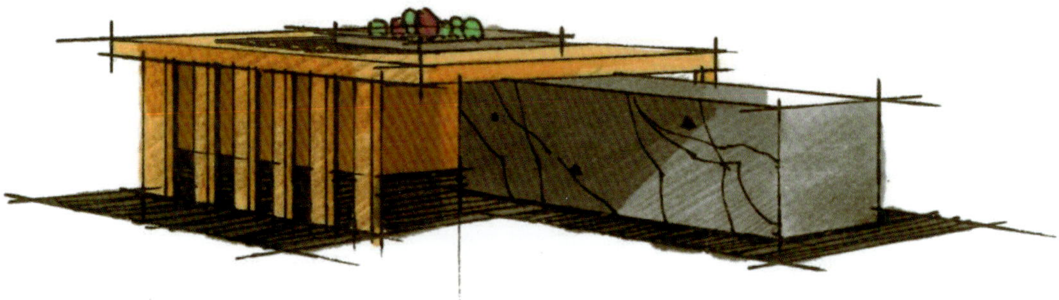

图 10-61　茶几上色 1

图 10-62　茶几上色 2

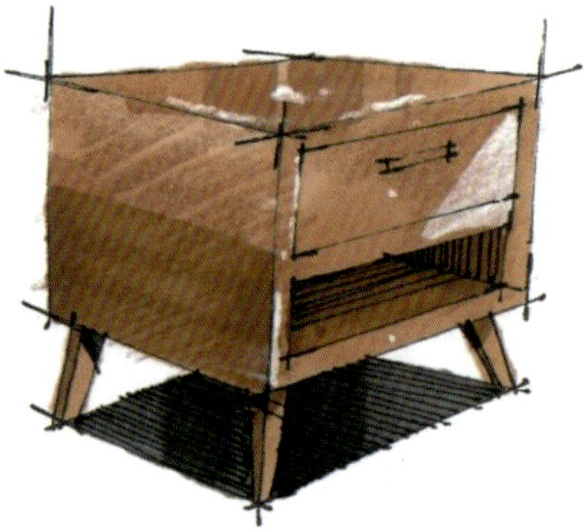

图 10-63　床头柜上色

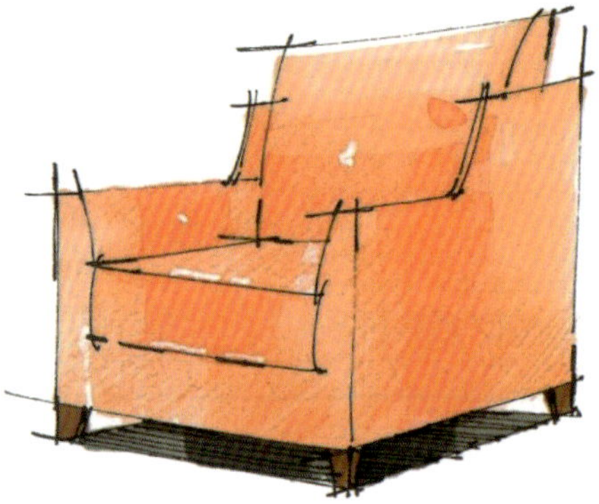

图 10-64　沙发上色 1

图 10-65　沙发上色 2

图 10-66　沙发上色 3

图 10-67　沙发上色 4

图 10-68　沙发组合上色 1

图 10-69　沙发组合上色 2

课后思考与练习

①绘制3~4幅不同类型植物的马克笔上色效果图。

②绘制2幅石头与水景的马克笔上色效果图。

③绘制2幅室内家具单体和2幅室内家具组合的马克笔上色效果图。

11

建筑单体、平面图、立面图马克笔上色

建筑单体上色

平面图上色

立面图上色

本章重点：

①分析建筑的色彩关系，并通过马克笔进行色彩的表达。

②掌握马克笔上色的技法，通过马克笔体现建筑物、植物、构造物等的空间关系。

③掌握平面图、立面图的马克笔上色技巧。

学习目标：

①掌握不同图面的马克笔上色技法，不断加深对马克笔色彩的认识。

②加深色彩感知，并通过专业训练掌握色彩的应用方法。

11.1 建筑单体上色

建筑单体的上色技巧如下。

第一：色彩的选择比较单一，通过单一的色彩练习掌握物体明暗关系的表达方法。

第二：注意色彩深浅之间的关系。

第三：注意阴影的处理。

第四：注意天空的处理。

第五：注意窗户玻璃质感的处理。

第六：注意地面的处理。

如图 11-1 所示，先使用 270 号上色，待颜色稍干之后再使用 271 号上色，使用 272 号进行投影区域的绘制。

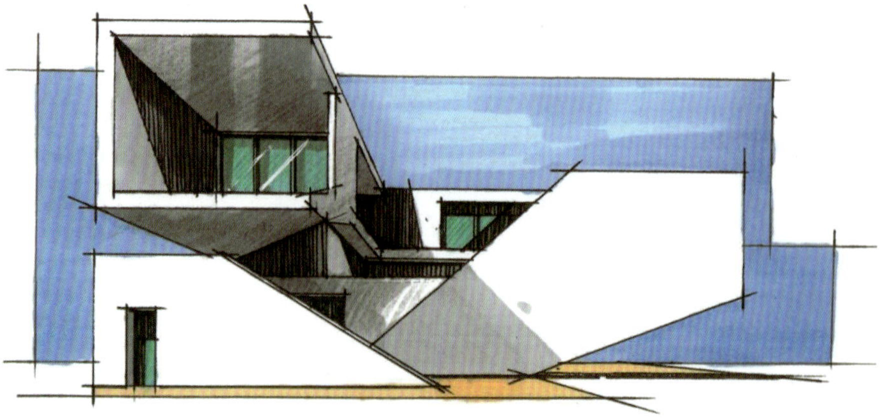

图 11-1　建筑单体上色 1

如图 11-2 所示，先使用 270 号上一层浅色，亮部位置可以适当留白，暗部位置则不能留白，暗部涂色要满铺，待颜色稍干之后，使用 271 号涂色，注意颜色的层次体现。针对玻璃材质，使用 234 号涂色。

如图 11-3 所示，先使用 270 号上一层浅色，待颜色稍干之后再使用 271 号上色，注意颜色的层次感。针对玻璃材质，使用 234 号涂色。针对木材材质，使用 179 号上色，再使用 176 号涂色。

其他建筑单体上色效果如图 11-4~ 图 11-7 所示。

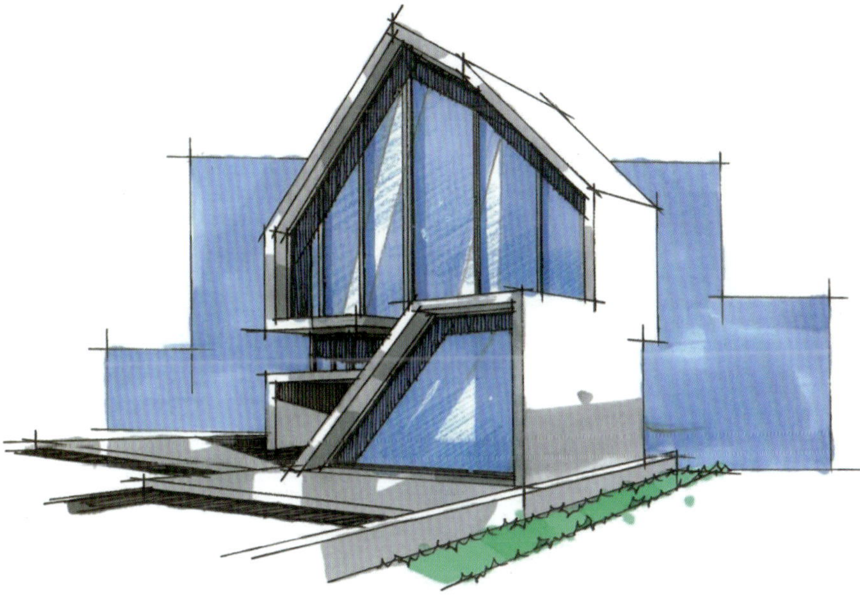

图 11-2 建筑单体上色 2

图 11-3 建筑单体上色 3

图 11-4　建筑单体上色 4

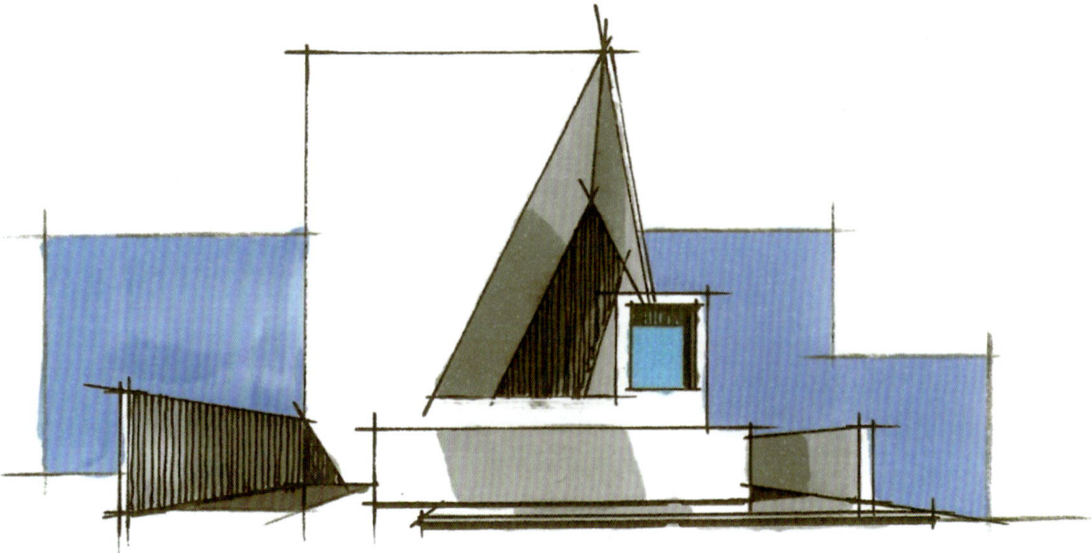

图 11-5　建筑单体上色 5

图 11-6　建筑单体上色 6

图 11-7　建筑单体上色 7

11.2 平面图上色

平面图马克笔上色的注意事项如下（图 11-8~图 11-11）。

第一：注意色彩之间的层次。

第二：不同的材质表达需要注意不同的质感体现。

第三：确定光源关系，并合理地进行光源统一。

第四：注意投影关系的体现。

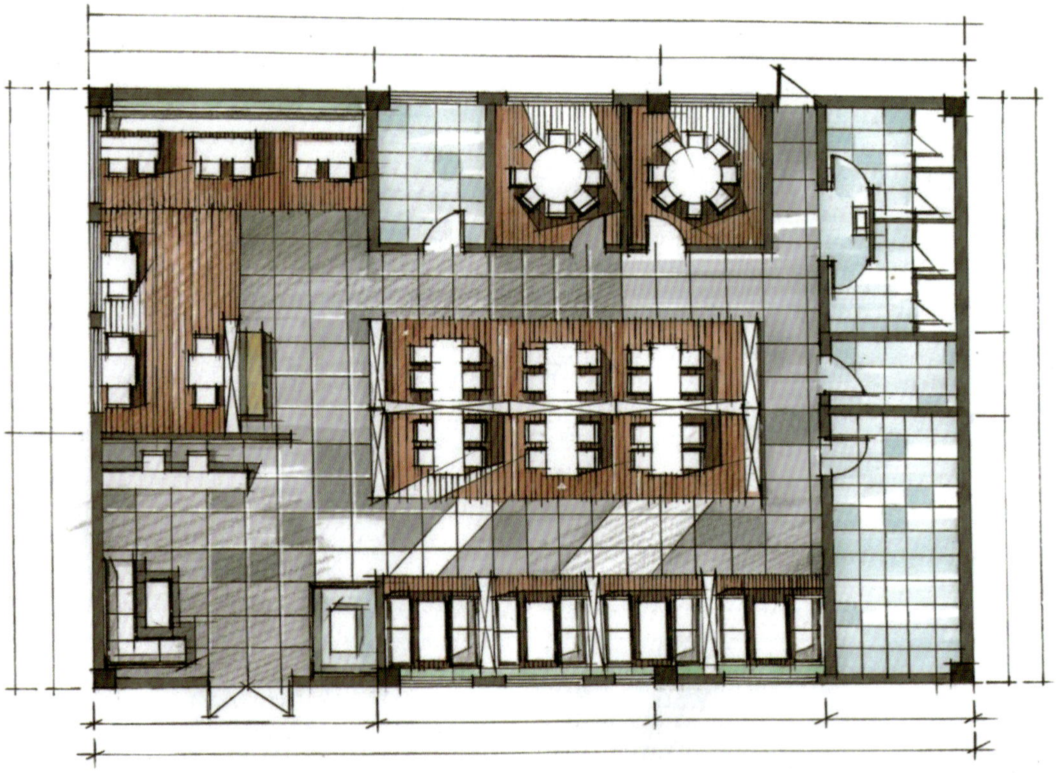

图 11-8　平面图马克笔上色 1

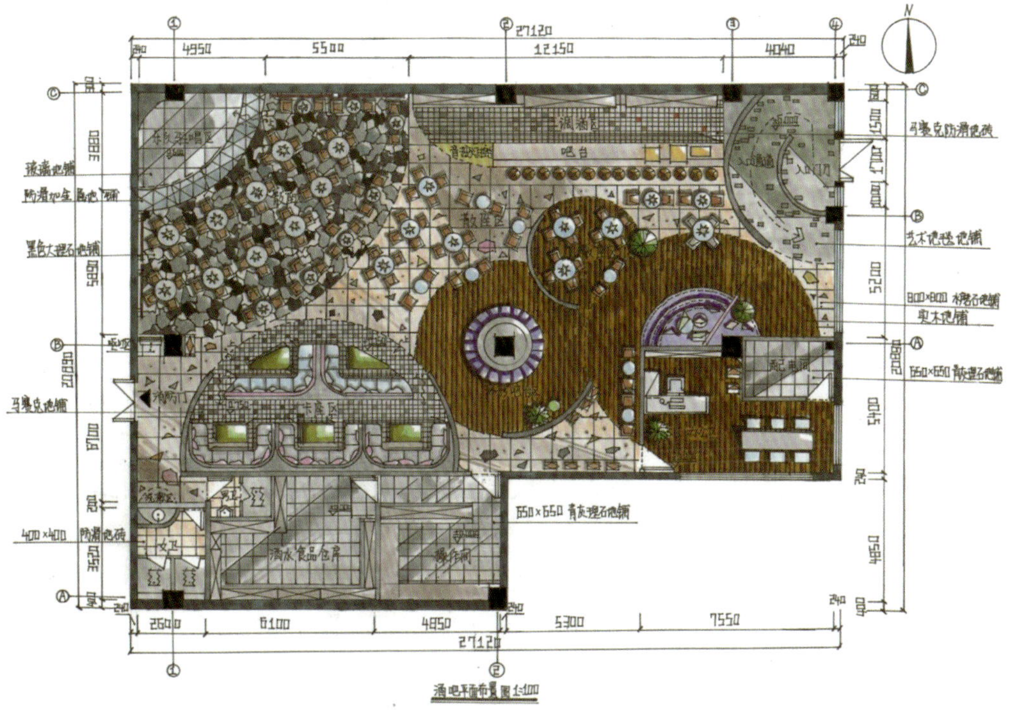

图 11-9　平面图马克笔上色 2

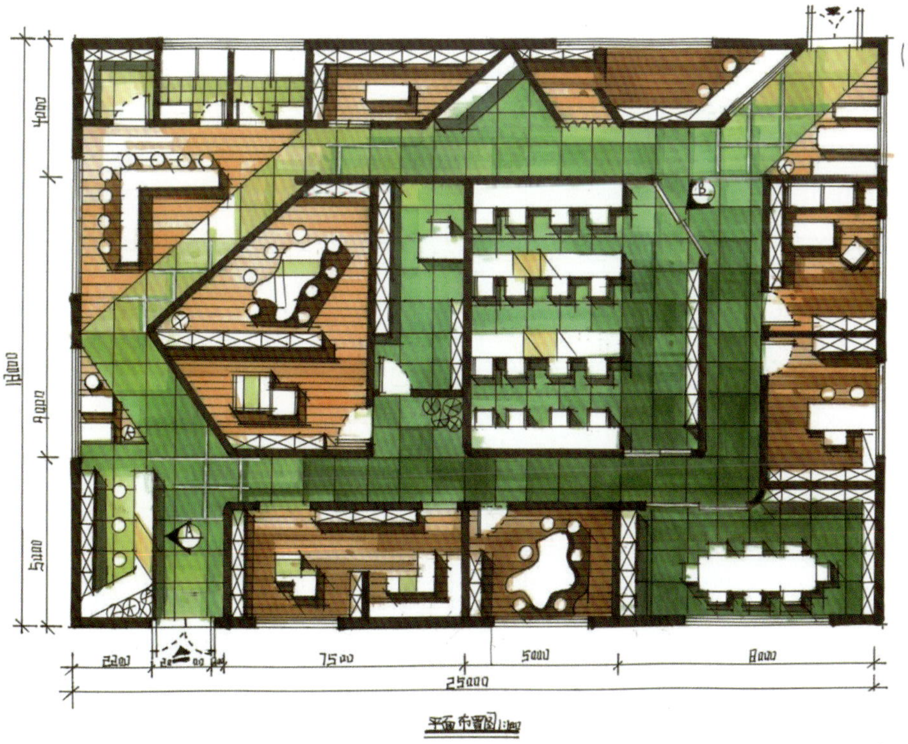

图 11-10　平面图马克笔上色 3

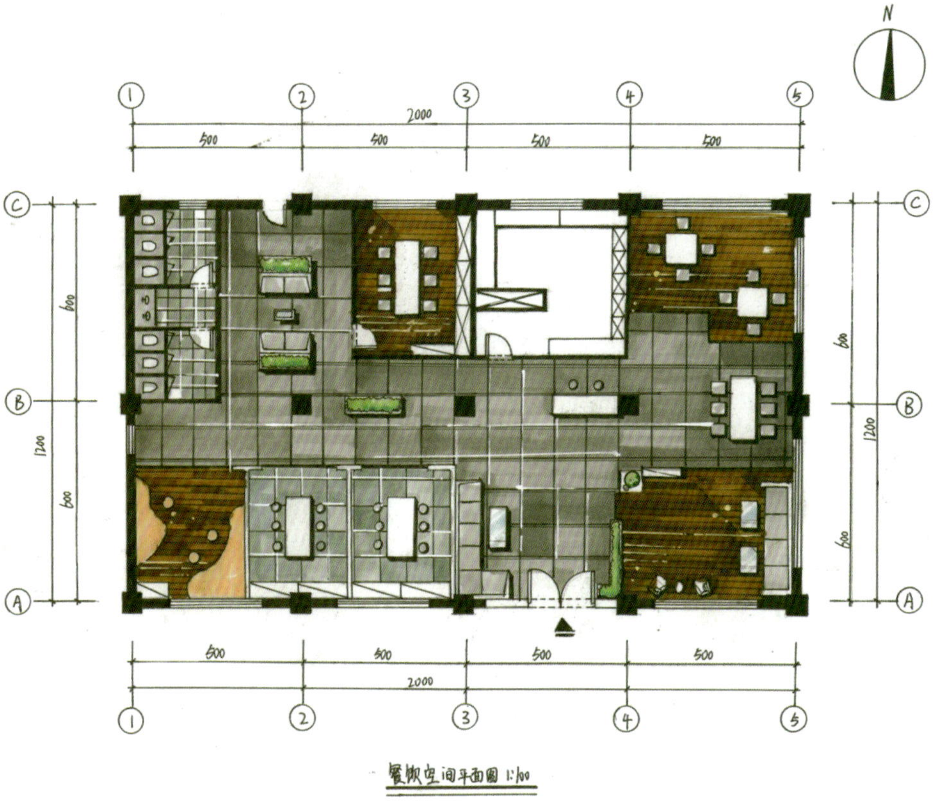

图 11-11　平面图马克笔上色 4

11.3　立面图上色

立面图马克笔上色需要注意马克笔颜色的层次感，注意立面不同材质的表达，并且注意投影的表现以及立面的空间感。

如图 11-12 所示，先使用 270 号上色，再使用 271 号进行颜色层次的表现。

如图 11-13 所示，立面图马克笔上色的注意事项如下。

第一：注意色彩的层次关系，主要使用 270 号、271 号、172 号、173 号颜色。

第二：注意立面图的投影关系以及凹凸关系。

第三：注意马克笔色彩的搭配关系。例如配景使用 179 号、Y3 号、Y4 号颜色。

第四：注意植物的马克笔上色技法。绿色植物使用 227 号、228 号、229 号颜色。

其他立面图上色效果如图 11-14~ 图 11-18 所示。

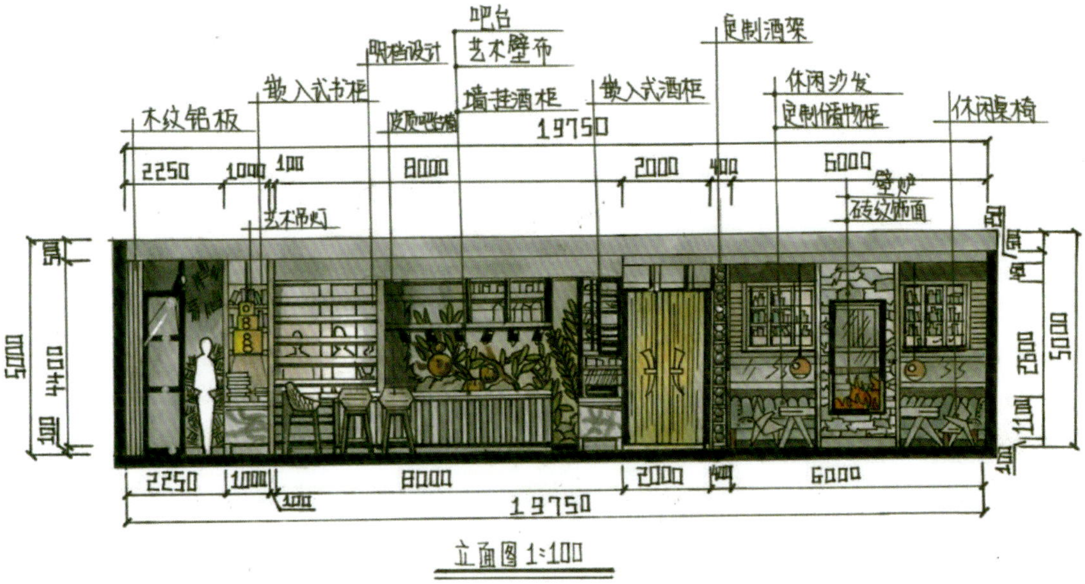

图 11-12　立面图马克笔上色 1

图 11-13　立面图马克笔上色 2

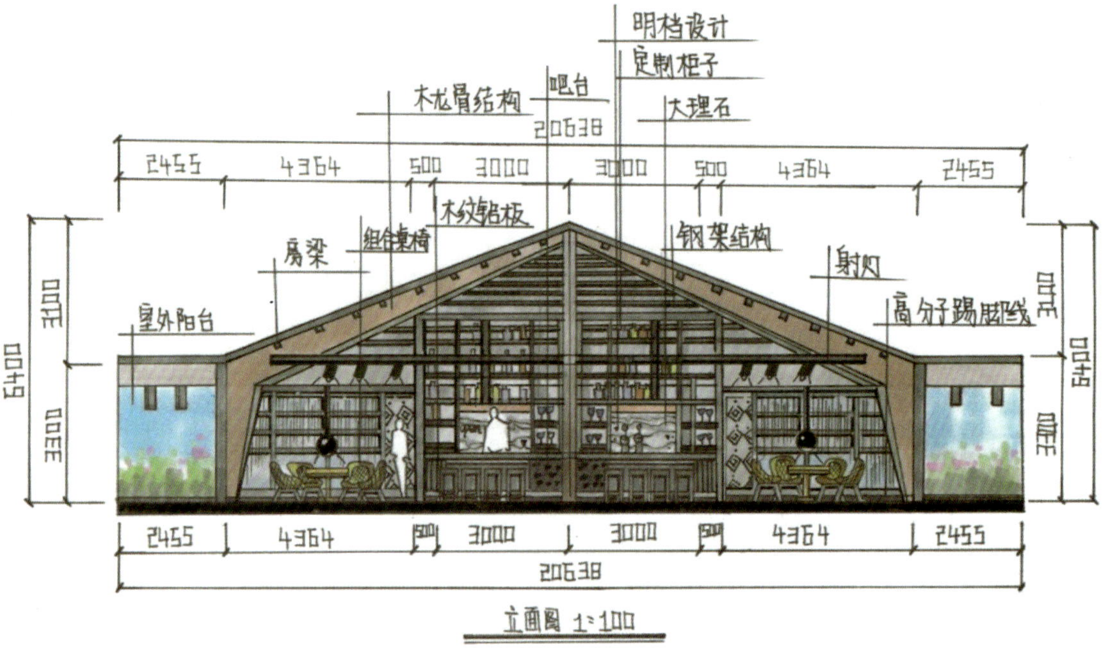

图 11-14　立面图马克笔上色 3

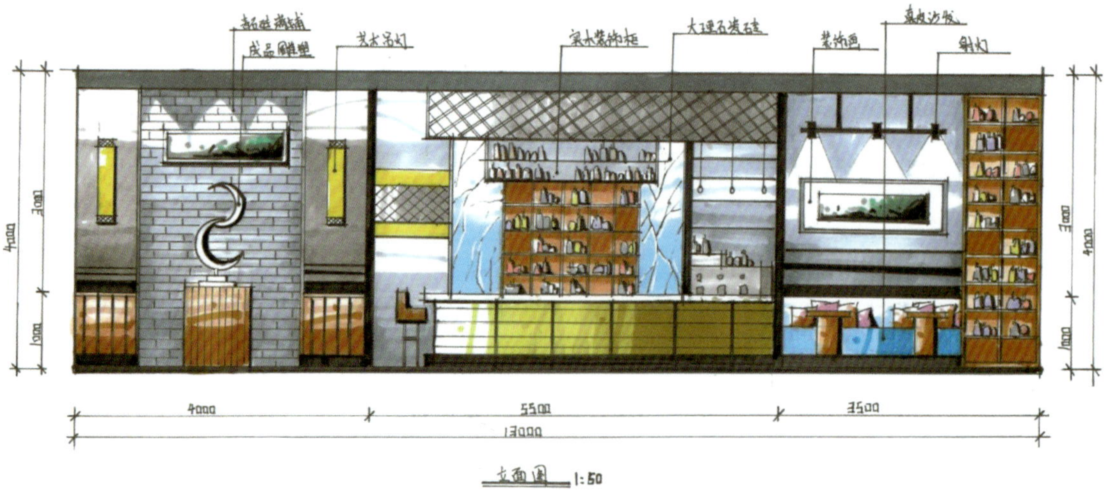

图 11-15　立面图马克笔上色 4

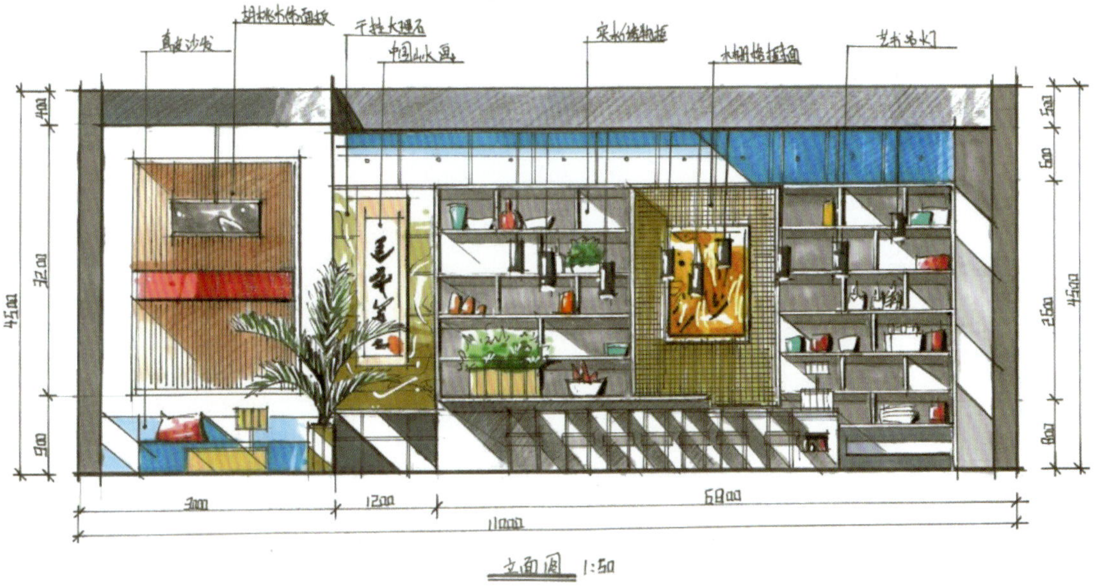

图 11-16　立面图马克笔上色 5

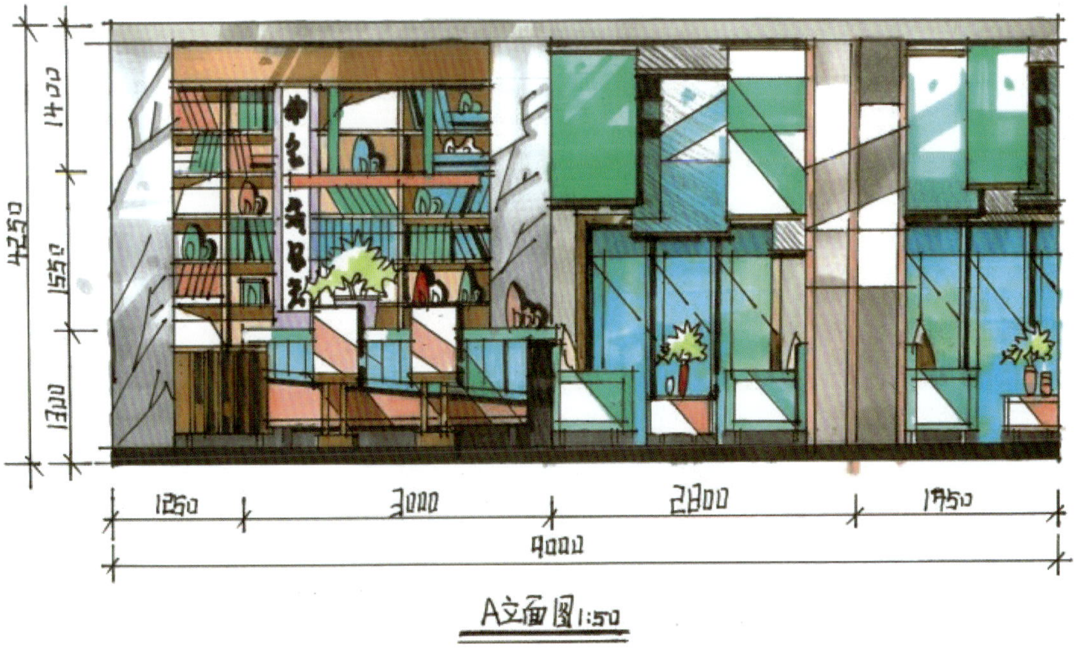

图 11-17　立面图马克笔上色 6

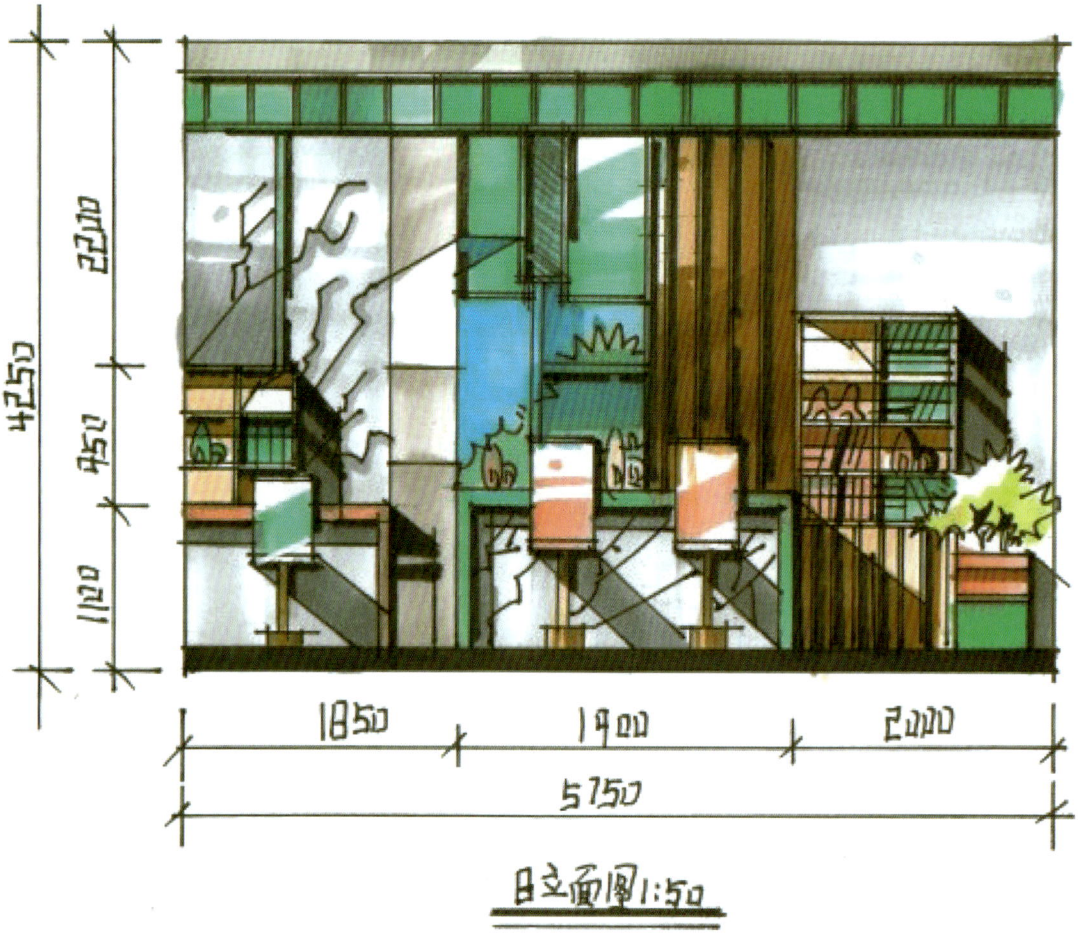

图 11-18　立面图马克笔上色 7

课后思考与练习

①绘制1幅建筑单体的马克笔上色效果图。

②绘制1幅平面图的马克笔上色效果图，并注意不同材质的表达。

③绘制1幅立面图的马克笔上色效果图，并注意立面图马克笔上色的技巧。

12

效果图马克笔上色

效果图马克笔上色技巧

建筑、景观、室内效果图上色

本章重点：

①分析现实建筑、景观、室内的色彩关系，通过马克笔对建筑色彩进行体现。

②分析和理解色彩，通过专业的色彩训练掌握色彩在不同场景中的应用。

学习目标：

①通过专业的色彩训练，掌握色彩应用的基本原理和方法。

②提升自主学习能力，加深对专业的认识和热爱。

12.1 效果图马克笔上色技巧

（1）颜色选择

在上色之前，先要确定整体的色调，选择与设计主题相符合的颜色。一般来说，选择两到三种主色和一些补充色进行绘制。注意颜色的搭配和对比，避免过于突兀或单调。

（2）由浅到深

在上色过程中，先从较浅的颜色开始，然后逐渐加入较深的颜色。这样可以避免颜色过重且难以修正。遵循色彩重叠的画法，通过深浅的层次变化增加颜色的深度和饱和度。但要注意不要过度叠加，以免颜色变得混浊。

（3）渐变效果

渐变效果是指通过色相相同、明度和纯度产生变化的方式进行由浅至深的叠加。此外注意渐变效果的自然过渡，避免出现明显的色差或色块。

（4）阴影处理

阴影的处理能增加画面的立体感。通常，阴影部位使用的颜色应该比周围颜色深一些。

阴影的位置要与光源方向相符，确保阴影的准确性和合理性。

（5）留白处理

在上色过程中，适当留白可以作为高光，给画面增加层次感。特别是在表现光亮表面（如玻璃、金属材质表面）时，留白处理尤其重要。注意留白的位置和大小，确保画面的整体效果是和谐的。

（6）细节描绘

细节的描绘是指马克笔对细节的重点刻画，能让画面更丰富、更精致。

细节描绘要遵循“变化中求统一”以及“统一中求变化”的原则，确保每个细节都符合整体效果的要求（图 12-1）。

图 12-1 效果图马克笔上色

12.2 建筑、景观、室内效果图上色

12.2.1 建筑效果图上色

如图 12-2 所示，建筑效果图马克笔上色的注意事项如下。

第一：建筑墙体上色使用 270 号，再使用 271 号找层次。

第二：木材材质上色使用 130 号，再使用 175 号。

第三：植物上色使用 60 号、61 号、57 号、58 号、228 号、229 号。

第四：天空上色使用 234 号。

如图 12-3 所示，建筑效果图马克笔上色的注意事项如下。

第一：建筑墙体上色使用 270 号、271 号、131 号、130 号。

第二：植物上色使用 224 号、59 号、45 号、46 号。

第三：玻璃材质上色使用 97 号。

第四：天空上色使用 234 号。

图 12-2　建筑效果图上色 1

图 12-3　建筑效果图上色 2

如图 12-4 所示，建筑效果图马克笔上色的注意事项如下。

第一：建筑墙体与构筑物上色使用 270 号、271 号、220 号、179 号。

第二：植物上色使用 227 号、228 号；玻璃材质、水面上色使用 235 号、236 号；木材材质上色使用 168 号。

如图 12-5 所示，建筑效果图马克笔上色的注意事项如下。

第一：建筑墙体、构筑物、地面上色使用 270 号、271 号。

第二：植物上色使用223号、228号、45号、46 号；木材材质上色使用 167 号、168 号。

如图 12-6 所示，建筑效果图马克笔上色的

图 12-4 建筑效果图上色 3

图 12-5 建筑效果图上色 4

注意事项如下。

第一：建筑墙体、构筑物上色使用 270 号、271 号、131 号。

第二：植物上色使用 224 号、227 号、45 号、46 号；玻璃材质上色使用 95 号；天空上色使用 234 号。

如图 12-7 所示，建筑效果图马克笔上色的注意事项如下。

第一：建筑墙体上色使用 270 号、271 号。

第二：玻璃材质上色使用 95 号、96 号。

第三：植物上色使用 227 号、228 号、45 号、46 号。

图 12-6　建筑效果图上色 5

图 12-7　建筑效果图上色 6

如图 12-8 所示，建筑效果图马克笔上色的注意事项如下。

第一：建筑墙体、构筑物上色使用 270 号、271 号。

第二：植物上色使用 13 号、227 号、228 号、45 号、46 号。

第三：玻璃材质上色使用 95 号、96 号。

第四：天空上色使用 234 号。

如图 12-9 所示，建筑效果图马克笔上色的注意事项如下。

第一：建筑墙体上色使用 270 号、271 号。

第二：植物上色使用 13 号、227 号、45 号、46 号、219 号、179 号。

第三：天空上色使用 95 号。

图 12-8　建筑效果图上色 7

图 12-9　建筑效果图上色 8

如图 12-10 所示，建筑效果图马克笔上色的注意事项如下。

第一：建筑墙体上色使用 270 号、271 号、167 号、168 号。

第二：植物上色使用 13 号、227 号、45 号、46 号、60 号、61 号、58 号。

第三：玻璃材质上色使用 95 号、96 号；天空上色使用 234 号。

如图 12-11 所示，建筑效果图马克笔上色的注意事项如下。

第一：建筑墙体上色使用 270 号、271 号、68 号、84 号、131 号、130 号。

第二：植物上色使用 23 号、227 号、45 号、46 号、106 号。

图 12-10　建筑效果图上色 9

图 12-11　建筑效果图上色 10

如图 12-12 所示，建筑效果图马克笔上色的注意事项如下。

第一：建筑墙体上色使用 270 号、271 号、131 号、130 号。

第二：植物上色使用 23 号、227 号、45 号、46 号；玻璃材质上色使用 234 号、68 号。

如图 12-13 所示，建筑效果图马克笔上色的注意事项如下。

第一：建筑墙体、构筑物上色使用 270 号、271 号、131 号、130 号。

第二：植物上色使用 23 号、227 号；地面上色使用 172 号、168 号。

图 12-12　建筑效果图上色 11

图 12-13　建筑效果图上色 12

如图 12-14 所示，建筑效果图马克笔上色的注意事项如下。

第一：建筑墙体上色使用 270 号、271 号、131 号、130 号。

第二：植物上色使用 23 号、227 号、59 号、60 号、106 号。

如图 12-15 所示，建筑效果图马克笔上色的注意事项如下。

第一：建筑墙体上色使用 270 号、271 号、172 号、173 号。

第二：植物上色使用 23 号、59 号、60 号、56 号、57 号。

图 12-14　建筑效果图上色 13

图 12-15　建筑效果图上色 14

如图 12-16 所示，建筑效果图马克笔上色的注意事项如下。

第一：建筑墙体上色使用 270 号、271 号、167 号、168 号。

第二：植物上色使用 23 号、56 号、57 号、45 号、46 号、206 号。

如图 12-17 所示，建筑效果图马克笔上色的注意事项如下。

第一：建筑墙体上色使用 270 号、271 号、179 号、176 号。

第二：植物上色使用 23 号、227 号、45 号、46 号、106 号、59 号、60 号。

第三：天空上色使用 234 号。

图 12-16　建筑效果图上色 15

图 12-17　建筑效果图上色 16

12.2.2 景观效果图上色

如图 12-18 所示，景观效果图马克笔上色的注意事项如下。

第一：墙体、构筑物上色使用 270 号、271 号。

第二：植物上色使用 45 号、46 号、60 号、61 号、235 号、236 号、237 号。

第三：天空上色使用 234 号。

如图 12-19 所示，景观效果图马克笔上色的注意事项如下。

第一：构筑物上色使用 270 号、271 号、220 号、179 号。

第二：植物上色使用 45 号、46 号、59 号、60 号、219 号、179 号。

图 12-18 景观效果图上色 1

图 12-19 景观效果图上色 2

第三：水面上色使用 95 号、96 号。

第四：天空上色使用 234 号。

如图 12-20 所示，景观效果图马克笔上色的注意事项如下。

第一：构筑物、地面上色使用 270 号、271 号、137 号、140 号、179 号、176 号。

第二：植物上色使用 13 号、227 号、45 号、46 号、228 号。

图 12-20　景观效果图上色 3

12.2.3　室内效果图上色

如图 12-21 所示，室内效果图马克笔上色的注意事项如下。

第一：硬装部分上色使用 270 号、271 号、131 号、130 号。

第二：软装部分上色使用 Y4 号、Y5 号、219 号、179 号。

第三：玻璃材质上色使用 234 号。

如图 12-22 所示，室内效果图马克笔上色的注意事项如下。

第一：硬装部分上色使用 270 号、271 号、131 号、130 号、167 号、168 号、164 号。

第二：植物上色使用 23 号、227 号、229 号、45 号、46 号。

如图 12-23 所示，室内效果图马克笔上色的注意事项如下。

使用 172 号、173 号、270 号、271 号、234 号、68 号、179 号上色。

如图 12-24 所示，室内效果图马克笔上色的注意事项如下。

使用 131 号、130 号、270 号、271 号、85 号、86 号、172 号、173 号、23 号、227 号、106 号、137 号上色。

图 12-21　室内效果图上色 1

图 12-22　室内效果图上色 2

图 12-23　室内效果图上色 3

图 12-24　室内效果图上色 4

课后思考与练习

①鉴赏1幅建筑效果图，并进行建筑图线稿绘制以及马克笔上色。

②鉴赏1幅景观效果图，并进行景观图线稿绘制以及马克笔上色。

③鉴赏1幅室内效果图，并进行室内图线稿绘制以及马克笔上色。

参考文献

[1] 王婉婷，董磊．混合式翻转教学模式在高校环境设计专业课程教学中的设计与实践．以于绘效果图快速表现技法课程为例 [J]. 美术教育研究，2023（5）：156-158.

[2] 施佳男．环艺专业手绘效果图课程教学改革探索 [J]. 大众文艺，2015（3）：234-235.

[3] 韩中杰．手绘效果图表现技法的现实意义 [J]. 家具与室内装饰，2002（5）：28-29.

[4] 吴迪．手绘效果图表现技法 [J]. 建筑结构，2020（9）：149.

[5] 李璇．浅析室内手绘效果图马克笔表现技法 [J]. 美术教育研究，2017（1）：84.

[6] 陶万样．室内设计手绘效果图表现初探 [J]. 家具与室内装饰，2016（6）：116-117.

[7] 李爱民．乡居餐厅设计手绘效果图 [J]. 传媒，2023（2）：108.

[8] 秦玉．餐厅空间手绘效果图 [J]. 传媒，2023（2）：108.

[9] 刘晓曼．书房空间手绘效果图 [J]. 传媒，2023（2）：108.

[10] 林文冬．酒店大堂设计手绘效果图 [J]. 城市发展研究，2023（4）：49.

[11] 孙毅．室内外效果图表现技法课程的教学改革研究 [J]. 黑龙江工业学院学报（综合版），2020（6）：9-12.

[12] 王玮璐 . 论手绘表现在室内设计专业课程教学中的运用研究 [J]. 文化创新比较研究，2018，2（16）：56-57.

[13] 王阳，艾萍，朱宏轩 . 浅谈马克笔在产品设计中的技法表现 [J]. 设计，2017（17）：82-83.

[14] 余安琴 . 建筑室内设计专业手绘效果图表现教学的重要性浅析 [J]. 艺术科技，2019，32（1）：261.

[15] 王之千 . 手绘效果图表现技法在建筑室内设计中的实践探索 [J]. 大众文艺，2014（22）：112.

[16] 汪永辉 . 试论建筑室内设计中手绘表现的重要性及常用材料质感的表达 [J]. 中国建材科技，2019，28（3）：39-40.

[17] 伍江华，许业进 . 图形图像处理在建筑室内设计教学中的应用与改革 [J]. 教育观察，2020，9（6）：115-116.

[18] 王宇，杨小舟 . 景观园林设计中的空间艺术 [J]. 美术教育研究，2016（6）：180.

[19] 徐梦姝 . 自然生态与文化特色融合的景观园林设计策略 [J]. 现代园艺，2024，47（18）：120-122.

[20] 王振家 . 市政景观园林工程中新技术与新材料的应用 [J]. 湖北农机化，2021（15）：2.

[21] 王龙飞，王伟，艾宇航，等 . 城市景观园林“海绵城市”施工技术研究：以江苏省园艺博览会（连云港）及生态提升项目为例 [J]. 工程与建设，2022，36（5）：1421-1423.

[22] 刘娟 . 景观园林广场中铺装施工技术 [J]. 江苏建材，2022（6）：92-94.

[23] 韩童威，汤玮 . 景观园林设计中的空间艺术应用 [J]. 现代园艺，2023，46（2）：89-90，94.

[24] 杜国铭，胡俊 . 基于环境保护理念的景观园林设计中的空间艺术布局 [J]. 现代园艺，2023，46（2）：95-96，99.

[25] 张婷婷 . 如何在节约理念下开展景观园林设计 [J]. 现代职业教育，2017（15）：190-191.

[26] 张婷婷 . 浅析景观园林设计中的人性化设计 [J]. 现代职业教育，2017（10）：68-69.

[27] 赵艳荣 . 空间艺术在景观园林设计中的应用 [J]. 中国建筑装饰装修，2023（14）：92-94.

后　记

随着《环境设计手绘效果图表现》一书的顺利完稿，内心涌动的是一份难以名状的复杂情感。从最初的灵感闪现，到选题的确立，再到无数个日夜资料的搜集、内容的精心雕琢，直至最终的整理完稿，每一步都如同雕刻艺术般，需要我们倾注心血与汗水。此刻，手捧此书，我们既有沉甸甸的成就感，也对未来充满了无限的期许与憧憬。

在编写过程中，我们深刻认识到，手绘效果图作为环境设计领域的灵魂语言，其重要性不言而喻。它不仅是设计师创意构思的直观展现，更是设计思维与空间情感交流的桥梁。每一笔、每一线，都蕴含着设计师对美的追求、对空间的理解以及对未来的憧憬。因此，我们致力于将这本书打造成一本既具深度又具广度的专业指南，希望为广大学子及从业者提供一把开启手绘效果图表现艺术大门的钥匙。

为了确保本书内容的全面性、系统性和实用性，我们进行了大量的研究与实践。从手绘效果图的基础原理讲起，逐步深入到对高级技法的探讨，从工具材料的选择与运用，到对不同风格表现手法的解析，我们都力求做到详尽无遗。同时，为了增强读者的实践操作能力，我们还特别穿插了大量的手绘实例，希望帮助读者更好地理解和掌握所学知识。

然而，我们也深知，任何一部作品都难以做到尽善尽美。由于时间紧迫和水平有限，本书在某些方面可能还存在不足之处。在此，我们衷心希望广大读者能够不吝赐教，提出宝贵的意见和建议。您的每一条反馈都将是我们未来修订和完善的重要参考，也是我们不断进步的动力源泉。

在编写过程中，我们得到了许多人的帮助与支持。家人的理解与支持是我们能够全身心投入工作的坚强后盾；朋友和同事的鼓励与建议则让我们在遇到困难时能够勇往直前。同时，感谢湖南大学出版社的支持，感谢责任编辑给予的宝贵意见以及帮助。此外，我们还要特别感谢那些为我们提供宝贵资料和案例的设计师，是他们的优秀作品为我们提供了丰富的灵感与参考。

最后，我们希望这本书成为广大环境设计专业学子及从业者手中的宝贵财富。我们相信，通过本书的学习与实践，您不仅能够掌握到精湛的手绘效果图表现技巧，更能够培养出敏锐的设计思维与独特的艺术审美能力。在未来的日子里，愿我们携手共进，探索环境设计的无限可能，用我们的双手构造出更加美好的空间梦想。

编者

2024 年 9 月